W0262495

Anleitungen für die chemische Laboratoriumspraxis

Herausgegeben von H. Mayer-Kaupp

Band XI

Stefan Gál

Die Methodik der Wasserdampf-Sorptionsmessungen

Mit 48 Abbildungen

Springer-Verlag Berlin · Heidelberg · New York 1967

Dr. phil. Stefan Gál, dipl. Ing.-Chem.

Leiter der Forschungs- und Entwicklungsabteilung der HACO AG
Gümligen, Schweiz
Wissenschaftlicher Mitarbeiter im Organisch-Chemischen Institut
der Universität Bern, Schweiz

ISBN-13: 978-3-642-94976-0   e-ISBN-13: 978-3-642-94975-3
DOI: 10.1007/978-3-642-94975-3

Titel Nr. 4056

Dem Andenken meines Vaters gewidmet

Vorwort

Die vorliegende Monographie will eine Systematisierung der Methoden und einen Überblick über die bisher veröffentlichten Verfahren und Apparaturen der Wasserdampf-Sorptionsmessungen vermitteln. Das Ziel war die Arbeitsweise, die Vor- und Nachteile und die Genauigkeit der Methoden zusammenzustellen um die Wahl der geeigneten Methode für jeden möglichen Zweck zu erleichtern. Detaillierte Konstruktionsdaten von Apparaten wurden jedoch nicht übernommen; diese müssen der Originalliteratur entnommen werden. Es wurde ferner beabsichtigt dem Experimentator verschiedene Hilfsmittel zur Planung und Auswertung von Sorptionsuntersuchungen in die Hand zu geben.

Die Sorption des Wasserdampfes wird im Gegensatz zu vielen Gasen meist bei Zimmertemperatur und in Gegenwart von Luft bestimmt. Dadurch weichen die meisten experimentellen Verfahren der Wasserdampfsorption von den allgemeinen Adsorptionsmethoden wesentlich ab. Es wurden daher aus dem großen Gebiet der Adsorptionstechnik nur diejenigen Methoden berücksichtigt, die explicite für Wasserdampf ausgearbeitet oder auch mit diesem Sorbat angewendet wurden. Die etwas ungewöhnliche Beschränkung auf ein einziges Sorbat ist auch durch die Sonderstellung des Wasserdampfes in praktischer Hinsicht gerechtfertigt. Er ist die einzige Komponente der Erdatmosphäre, die weit unterhalb ihrer kritischen Temperatur vorliegt. Hierdurch sorbiert fast jeder feste Körper im hygroskopischen Gleichgewicht merkliche Mengen Wasser und ihre Eigenschaften werden durch das sorbierte Wasser maßgeblich beeinflußt.

Die Auswahl der Literaturangaben und der Abbildungen erfolgte aus einem Material von etwa 1700 Publikationen über die Wasserdampfsorption fester Sorbentien. Dies entspricht etwa der Hälfte aller diesbezüglichen Veröffentlichungen. Die Literatur der letzten Jahre bis 1964 wurde besonders eingehend studiert. Das Prospekt- und Reklamematerial von Firmen für Apparate- und Gerätebau wurde unter den Literaturstellen absichtlich nur ausnahmsweise aufgeführt.

Die theoretische Seite der Wasserdampfsorption ist sehr mannigfaltig und wird an einzelnen Stellen nur kurz angedeutet. Auch die nach Sorbentien sehr verschiedenartigen Verfahren der Wassergehaltsbestimmungen sowie die Technik der Feuchtigkeitsbestimmung in Gasen wurden nur in den Rahmen berücksichtigt, in welchen diese in praktischen Wasserdampf-Sorptionsmessungen bis heute Anwendung gefunden haben.

Der Direktion der HACO AG, Gümligen, Schweiz, spreche ich meinen wärmsten Dank dafür aus, daß sie mir das Zusammenstellen dieses Buches erlaubt und in jeder Hinsicht gefördert hat. Auch die CIBA AG, Basel, hat mit der Unterstützung der Forschungen zwischenmolekularer Kräfte, die im organischen-chemischen Institut der Universität Bern ausgeführt wurden, wesentlich zur Förderung dieses Buches beigetragen. Ich bin auch Herrn Prof. Dr. R. SIGNER, Leiter des genannten Institutes, für seine vielen Anregungen und Ratschläge zum Dank verpflichtet. Herrn Dr. H. ARM, Privatdozent im selben Institut, danke ich ebenfalls für die vielen Hilfeleistungen. Frl. T. BRAUN hat die Niederschrift des Manuskriptes mit großem Einsatz besorgt. Dem Verlag danke ich schließlich für die angenehme Zusammenarbeit und für das Verständnis, das er meinen Problemen bei der Abfassung des Buches entgegengebracht hat.

Bern, Juli 1967   S. GÁL

Inhaltsverzeichnis

Die Methodik der Wasserdampf-Sorptionsmessungen

1. Bezeichnungen, Definitionen und Darstellungsmethoden

1.1. Bezeichnungen

Lateinische Buchstaben

a Aktivität oder spezifische Oberfläche

A Konstante

B Konstante

c spezifische oder molare Wärme oder Federkonstante

d Durchmesser

f Fugazität oder Verlängerung einer Feder

g Erdbeschleunigung

G Gleitmodul

h barometrische Höhe

H latente Wärme

i Windungszahl

k Konstante

L relative Enthalpie

m Molalität

M Molekulargewicht

N Molenbruch

p Wasserdampfdruck

P Druck der Gasphase oder hydrostatischer Druck oder Last

r Radius

R Gaskonstante

t Temperatur

T absolute Temperatur

v spezifisches oder molares Volumen

x Wasserdampfgehalt der Gasphase

X sorbierte Wassermenge

Griechische Buchstaben

α Winkel oder Temperaturkoeffizient

Δ Differenz oder Phasenübergang

Θ Benetzungswinkel

ν Anzahl dissoziierbarer Ionen

ϱ Dichte
σ Oberflächenspannung oder reduzierter Druck
τ reduzierte Temperatur
φ relative Luftfeuchtigkeit
Φ osmotischer Koeffizient

Indexe

1,2   Zustände oder Koordinaten oder Komponenten
a   Adsorption
E   Eis
f   Gefrieren
fl   flüssige Phase
g   Gasphase
i   ideales Verhalten
o   reiner Zustand
W   Wasser

Sonstige Zeichen

$-$ (Über den Symbolen) partielle Größe oder Mittelwert
$'$, $''$ Zustände oder Bezugsbasis

1.2. Definitionen

„Sorbere" bedeutet in lateinischer Sprache „zu sich nehmen, einschlürfen". Das Wort Sorption wurde von McBain [1] 1909 für den Vorgang vorgeschlagen, bei dem ein Festkörper (oder eine Flüssigkeit) Moleküle aus dem umgebenden Gasraum aufnimmt. Ein Spezialfall ist die *Sorption ohne Strukturänderung* oder *Oberflächensorption*, bei der die Moleküle nur an der Oberfläche des kompakten Festkörpers gebunden sind. Der Begriff der Sorption umfaßt aber in erster Linie die Fälle, bei denen die Moleküle in den festen Körper eindringen. Dieser Vorgang wird im weiteren als *Sorption mit Strukturänderung* oder *Quellung* bezeichnet.

Das Wort *Adsorption* wird für die Aufnahme und *Desorption* für die Abgabe von Molekülen durch den Festkörper verwendet.

Der feste Körper wird als *Sorbens* und die Komponente, deren Moleküle sorbiert werden, als *Sorbat* bezeichnet. Dieses ist im folgenden ausschließlich Wasser. Das Festkörper-Wasser-System wird an einigen Stellen als *kondensierte Phase* bezeichnet.

Die vom Festkörper gebundene Wassermenge ist bei allen Sorptionsvorgängen abhängig von der Konzentration der Wassermoleküle im umgebenden Gasraum. Für die Festlegung dieser Konzentration werden in der Sorptionstechnik abwechslungsweise drei Größen benutzt.

Die erste, die *Aktivität* des Wassers oder a_w, ist nach Gl. 1 der Quotient zweier Fugazitäten,

$$a_w = \frac{f}{f_o}. \tag{1}$$

Fugazitäten sind nach LEWIS und RANDALL [2, S. 191] korrigierte Drücke, die aus realen Drücken für das Verhalten idealer Gase berechnet werden, um die Anwendung der thermodynamischen Zustandsfunktionen auf reale Gase zu ermöglichen.

f in Gl. 1 ist die Fugazität des Wasserdampfes beim Sorptionsexperiment und f_o die des gesättigten Wasserdampfes bei gleicher Temperatur [3, S. 627 ff.].

Die zweite Größe zur Charakterisierung der Konzentration des Wasserdampfes in der Gasphase, die ebenfalls häufig verwendet wird, ist der sogenannte *relative Druck* nach der Definition durch Gl. 2:

$$\text{relativer Druck} = \frac{p}{p_o}, \tag{2}$$

wobei p den Teildruck des Wasserdampfes und p_o den Sättigungsdruck des Wassers bei derselben Temperatur bedeuten. Da die Abweichungen des Wasserdampfes vom idealen Verhalten klein sind, haben die Wasseraktivität und der relative Druck sehr ähnliche Zahlenwerte. Quantitative Angaben über das Abweichen des Wasserdampfes vom idealen Verhalten bei verschiedenen Temperaturen finden sich in der Tabelle 8.

Die dritte Größe ist die *relative Luftfeuchtigkeit* der Trocknungstechnik, φ, definiert durch die Gleichung

$$\varphi = \frac{x}{x_o}. \tag{3}$$

Es ist der Quotient aus dem Feuchtigkeitsgehalt x der Luft im Sorptionsexperiment und dem Feuchtigkeitsgehalt x_o der Luft bei Sättigung mit Wasserdampf. x und x_o beziehen sich auf die Gewichtseinheit trockener Luft. Bei Sorptionsexperimenten in der Nähe der Zimmertemperatur weicht die relative Luftfeuchtigkeit von der Wasseraktivität um einige Prozent ab.

Die relative Luftfeuchtigkeit wird manchmal auch als der Quotient zweier Wassermengen x' und x'_o definiert, die in gleichen Volumina wasserdampfhaltiger Luft vorhanden sind. x' ist der Wassergehalt der Volumeinheit der Versuchsluft und x'_o der Wassergehalt der bei gleicher Temperatur mit Wasserdampf gesättigten Luft.

1*

Tab. 1 enthält einige Vergleichswerte der verschiedenen Konzentrationseinheiten des Wasserdampfes in der Gasphase.

Tabelle 1. *Vergleich der Konzentration des Wasserdampfes in verschiedenen Einheiten bei t = 25 °C*

p/p_0	a_w	x/x_0	x'/x'_0
1	1	1	1
0,90000	0,90019	0,89705	0,89996
0,50000	0,50052	0,49154	0,49947
0,10000	0,10019	0,09693	0,09981
0,01000	0,01002	0,00967	0,00998

Die Zusammensetzung des Festkörper-Wasser-Systemes wird in der Sorptionstechnik als Menge des Sorbates in ml oder g auf die Gewichtseinheit des trockenen Sorbens angegeben. Im folgenden werden hierfür die Ausdrücke *Wassergehalt* und *sorbierte Wassermenge* verwendet. Die entsprechende Bezeichnung in der Trocknungstechnik ist *Gutsfeuchtigkeit* in Analogie zur Luft- und Gasfeuchtigkeit. Der Molenbruch, die übliche Maßzahl der Zusammensetzung einer Mischphase, kann hier nicht gebraucht werden, weil das Molekulargewicht der festen Sorbentien in den meisten Fällen nicht angegeben werden kann. Man kann sich mit dem analogen Begriff des Gewichtsbruches behelfen, der jedoch theoretisch gegenüber der Gutsfeuchtigkeit keinen Vorteil bietet. Der Gewichtsbruch ist identisch mit dem Wassergehalt bezogen auf den wasserhaltigen Festkörper.

Bei der Untersuchung der Hydratbildung niedermolekularer Sorbentien ist die Angabe der Zusammensetzung in mol/mol Einheiten geläufig. Manchmal wird dieselbe Einheit bei makromolekularen Substanzen benutzt, wobei die sorbierte Menge auf ein Mol des Monomers bezogen wird. Seltener werden auch gemischte Einheiten, wie g/mol oder mol/g gebraucht. Bei synthetischen Ionenaustauschern und Zeolithen ist die Einheit Mol oder g Wasser pro äquivalent oder Mol des austauschbaren Ions üblich.

Bei eindeutig reiner Oberflächensorption kann die sorbierte Wassermenge auf die Flächeneinheit des Sorbens bezogen werden. Die Oberfläche wird dabei mit einem unpolaren Gas, Argon oder Stickstoff bestimmt. Gelegentlich wird die Dicke der Sorbatschicht oder die Zahl der molekularen Sorbatschichten angegeben. Diese letztere ergibt sich als Quotient aus der jeweiligen Sorbatmenge in ml oder g und dem Volumen oder Gewicht der Menge, die zur Ausbildung einer einzigen Schicht notwendig ist.

Der *Gleichgewichtswassergehalt* und der *Gleichgewichtswasserdampfdruck* sind Bezeichnungen für die Zusammensetzung des Sorbens und der umgebenden Gasphase, die miteinander im Gleichgewicht stehen.

Die sogenannte *Sorptionsfähigkeit* eines Festkörpers stellt ein relatives Maß für die sorbierte Wassermenge bei gegebenem Wasserdampfdruck dar. Die Begriffe *maximale Sorptionsfähigkeit, maximale Wasserbindung* und *Quellungsmaximum* werden für den Gleichgewichtswassergehalt von wasserunlöslichen Sorbentien im Gleichgewicht mit $p/p_0 = 1$ verwendet. Bei wasserlöslichen Substanzen kommt oft der Begriff *hygroskopischer Punkt* vor, welcher diejenige relative Luftfeuchtigkeit bedeutet, die im Gleichgewicht mit der gesättigten Lösung des betreffenden Stoffes herrscht.

Der Ausdruck *Gleichgewichtseinstellung* bezeichnet ganz allgemein die Richtung und den zeitlichen Ablauf der Sorptionsvorgänge. Wird dabei die Zusammensetzung der Gasphase konstant gehalten, so handelt es sich um einen Angleichsvorgang, dessen Zeitbedarf mit dem Wort *Angleichszeit* bezeichnet wird.

1.3. Graphische Darstellungsmethoden

Zur Beschreibung des Sorptionsverhaltens fester Körper werden folgende Zustandsfunktionen angewendet:

$$
\begin{array}{llll}
\textit{Isotherme} & X & = X\,(p), & t & = \text{konst} \\
\textit{Isobare} & X & = X\,(t), & p & = \text{konst} \\
\textit{Isostere} & p & = p\,(t), & X & = \text{konst} \\
\textit{Isopsychre} & X & = X\,(t), & p/p_0 & = \text{konst},
\end{array}
$$

worin $\quad X$ = sorbierte Menge

$\qquad\quad p$ = Druck oder Teildruck des Wasserdampfes

$\qquad\quad t$ = Temperatur.

In den folgenden Abschnitten werden diese Funktionen und ihre Darstellungsmethoden an Hand von Beispielen erläutert. Da jedoch auf die Theorie der Wasserdampfsorption in diesem Buch nicht eingegangen werden kann, mußten viele Darstellungsmethoden, die zur Prüfung der einzelnen Theorien dienen und meist mit abgeleiteten Größen operieren, außer acht gelassen werden. Nur diejenigen Methoden wurden berücksichtigt, bei denen die Variablen die einfachen Zustandsgrößen, deren Logarithmus oder Reziprokwert sind.

1.3.1. Die Isotherme

Die Isotherme ist die meistuntersuchte Zustandsfunktion von Festkörper-Wasser-Systemen. Sie stellt die sorbierte Menge als Funktion des

Dampfdruckes bei konstanter Temperatur dar. Mitunter wird die inverse Funktion, d. h. der Dampfdruck bei verschiedenen Wassergehalten aufgetragen.

In Abb. 1 sind die fünf Typen von Adsorptionsisothermen dargestellt, die BRUNAUER [4] in physikalischen Adsorptionsgleichgewichten unterscheidet.

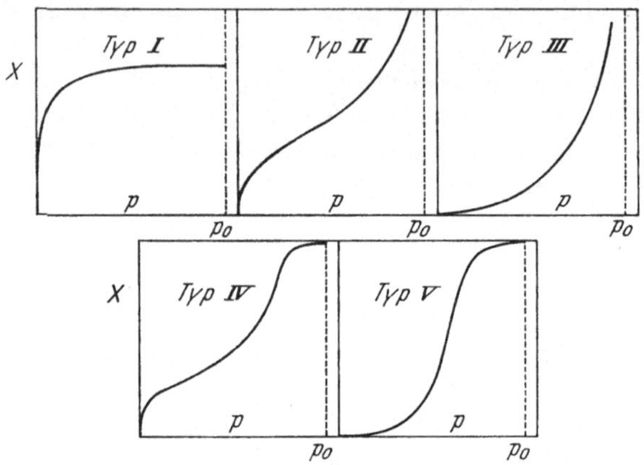

Abb. 1. Die fünf Typen der Sorptionsisothermen

1.3.1.1. Die gewöhnliche Isotherme

Die Abbildungen 2 und 3 zeigen Isothermenscharen für zwei Sorbentien.

Abb. 2 vermittelt einen guten Überblick über das Verhalten des Sorbens unter sehr verschiedenen Temperatur- und Druckbedingungen. Aus den Daten der Figur lassen sich auch Isopsychren konstruieren.

Die Darstellung der Abb. 3 hat den Vorteil, daß die Genauigkeit bei jeder Temperatur etwa dieselbe ist, da der Gleichgewichtswassergehalt bei verschiedenen Temperaturen vom relativen Dampfdruck viel weniger abhängig ist als vom absoluten.

Die Auftragung der reziproken Werte der sorbierten Wassermenge gegen den reziproken Dampfdruck ist die übliche Methode zur Prüfung der Gültigkeit der Langmuirschen Adsorptionsgleichung. In der Wasserdampfsorption ist die Gültigkeit dieser Gleichung auf ganz wenige Ausnahmefälle beschränkt.

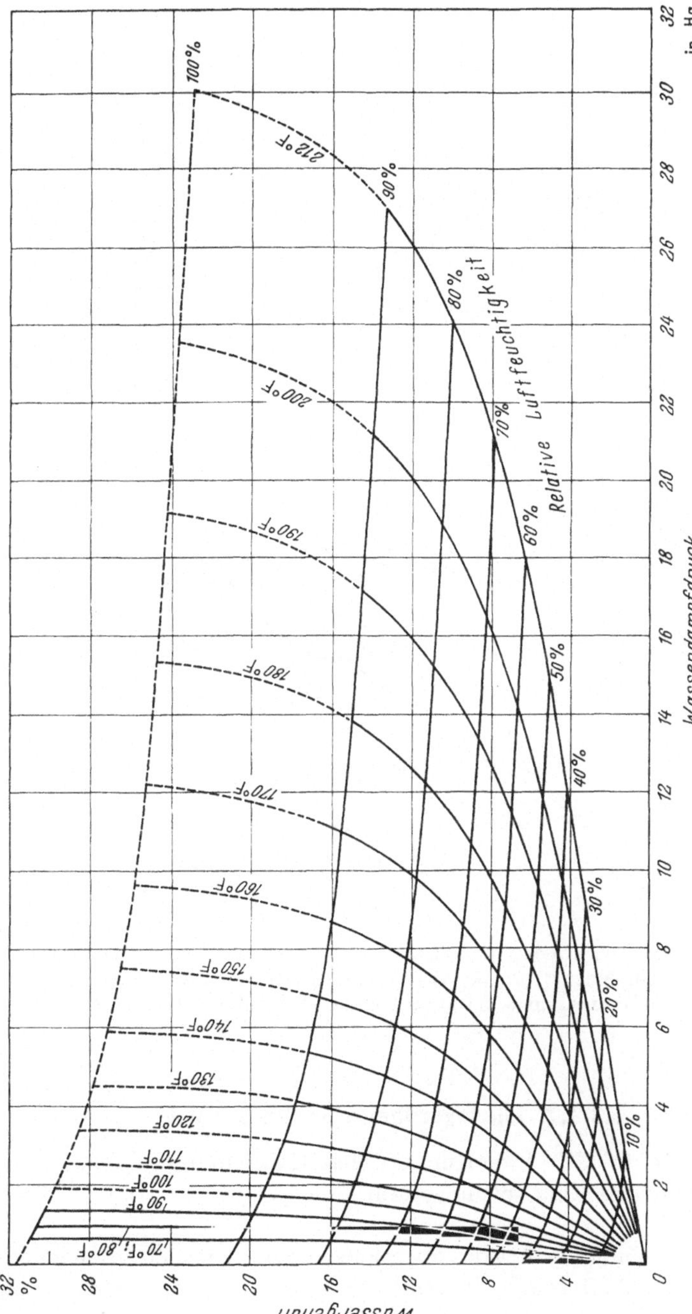

Abb. 2. Wassergehalt der Sitka Fichte als Funktion der Temperatur und des absoluten Wasserdampfdruckes [5]. Die ausgezogenen Linien sind experimentelle und die gestrichelten rechnerisch ermittelte Funktionen

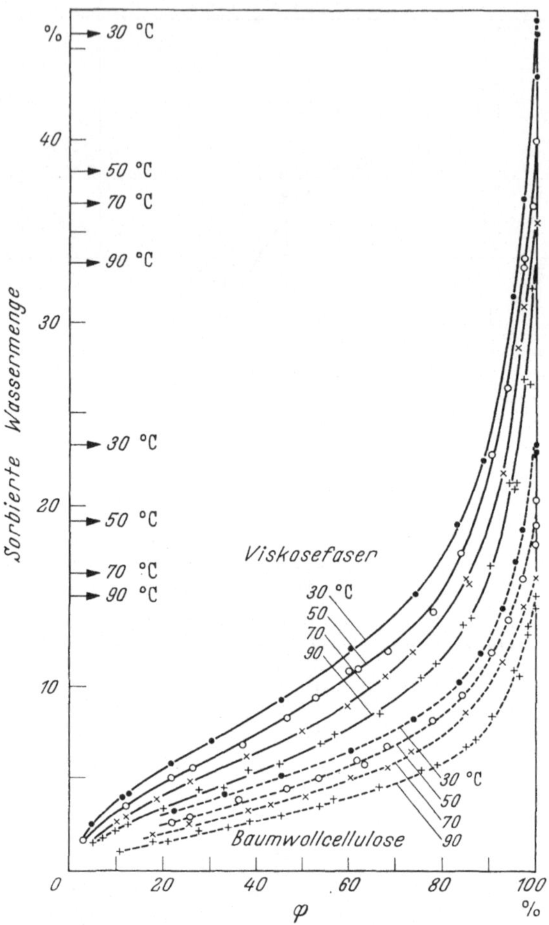

Abb. 3. Sorptionsisothermen von Viskosefasern und der Baumwollcellulose als Funktion der Temperatur [6]. Alle Kurven sind Adsorptionsisothermen; die Pfeile zeigen die maximale Sorption bei der gegebenen Temperatur

1.3.1.2. Die logarithmischen Isothermen

Man trifft in der Literatur oft halblogarithmische Isothermen-Darstellungen an. Eine solche ist für Silicagel in der Abb. 4 wiedergegeben.

Zur Beurteilung der Art des Sorptionsvorganges leistet besonders die logarithmische Auftragung der Isotherme gute Dienste. Abb. 5 zeigt solche Sorptionsisothermen des Caseins bei zwei Temperaturen.

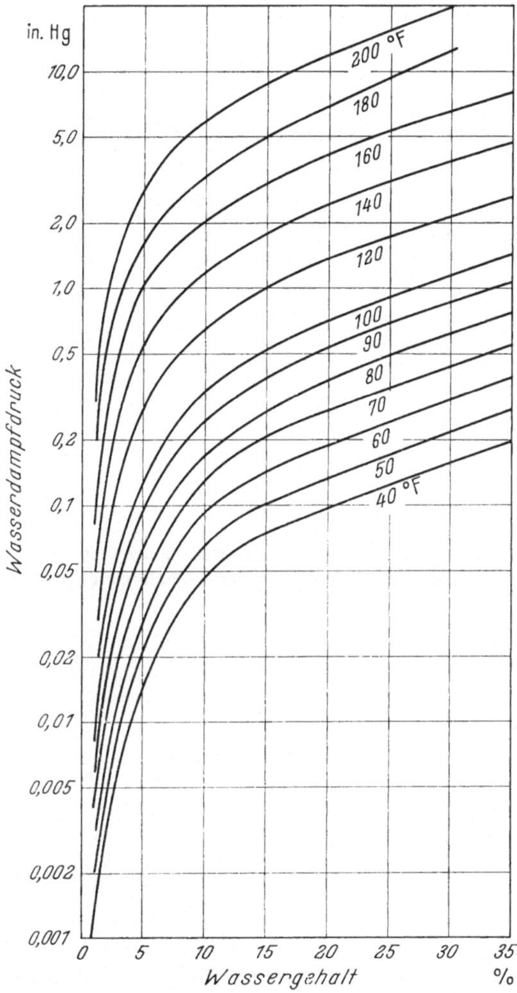

Abb. 4. Sorptionsisothermen des Silicagels bei verschiedenen Temperaturen in halblogarithmischer Darstellung [7]

Nach dieser Methode lassen sich die meisten Sorptionsisothermen bei kleinen bis mittleren relativen Dampfdrücken, etwa zwischen $p/p_\mathrm{o} = 10^{-4} - 10^{-1}$, linearisieren. Dieser Umstand beweist die Gültigkeit einer Potenzfunktion im betreffenden Bereich der Isotherme.

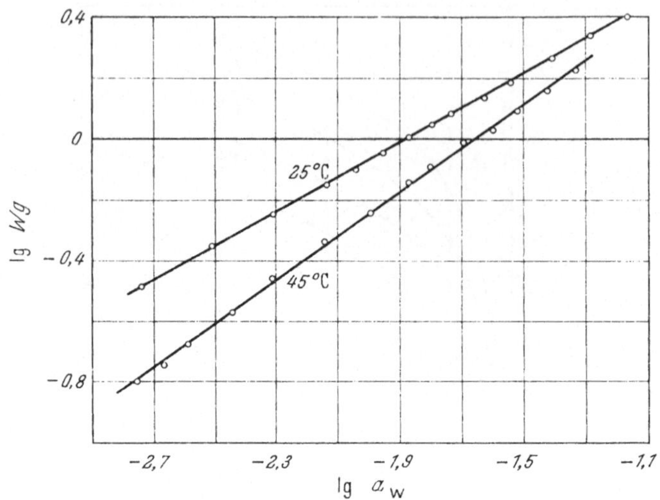

Abb. 5. Sorptionsisothermen des Caseins bei zwei Temperaturen in logarithmischer Darstellung. *Wg* ist die Abkürzung für den Gleichgewichtswassergehalt [*8*]

1.3.2. Die Isobare

Die Isobare stellt die sorbierte Wassermenge bei konstantem Dampfdruck in Abhängigkeit der Temperatur dar. Isobaren des Silicagels zeigt die Abb. 6 auf der folgenden Seite. Sie ist aus den Daten der Abb. 4 konstruiert.

Isobare Dehydratationskurven vermitteln wertvolle Informationen über den Bindungszustand des Wassers in festen Körpern. Eine Klassifizierung der verschiedenen Typen der Isobare je nach Bindungsart des Wassers haben WEISER und MILLIGAN [*9*] gegeben. Isobaren sind besonders bei der Untersuchung von Kristallhydraten wichtig.

1.3.3. Die Isostere

Kurven konstanter Zusammensetzung der kondensierten Phase sind Isosteren. Sie geben die Druck-Temperatur-Wertepaare an, bei denen eine bestimmte Wassermenge im Festkörper gebunden ist. Isosteren werden oft zur Ermittlung der Sorptionswärme herangezogen.

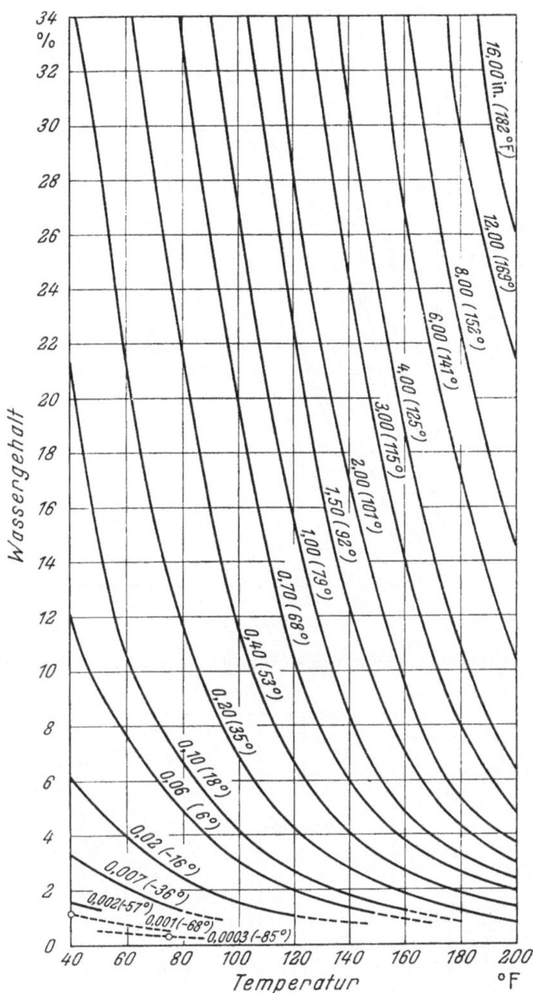

Abb. 6. Sorptionsisobaren des Silicagels bei verschiedenen Wasserdampfdrücken. Die entsprechenden Taupunkte sind in Klammern angegeben [7]

1.3.3.1. Die gewöhnliche Isostere

Abb. 7 zeigt die Isothermen des Cellophans bei 4 verschiedenen Temperaturen, während die Abb. 8 die daraus berechneten Isosteren für mehrere Wassermengen darstellt.

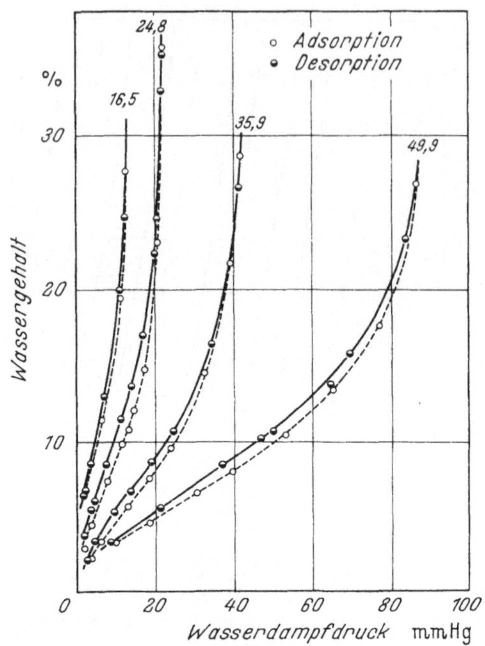

Abb. 7. Sorptionsisothermen des Cellophans bei vier Temperaturen [10]

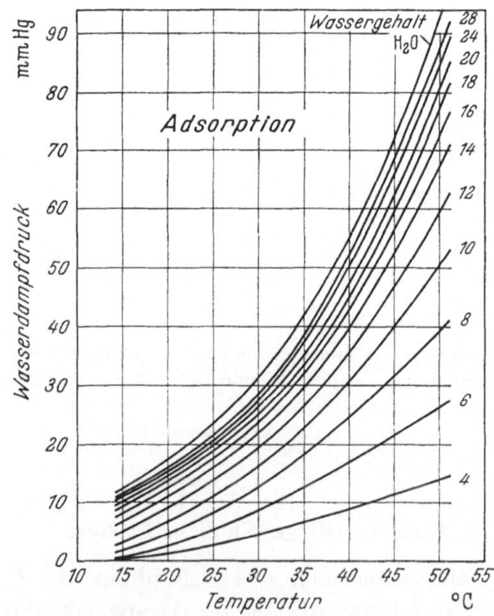

Abb. 8. Sorptionsisosteren des Cellophans bei mehreren sorbierten Wassermengen

1.3.3.2. Die log p-1/T-Darstellung

In Analogie zu den Phasengleichgewichten in Einkomponentensystemen kann der Druck des Wasserdampfes als Funktion der Temperatur in einem Festkörper-Wasser-System nach der Clausius-Clapeyronschen Gleichung graphisch dargestellt werden. Die Gleichung wird hierzu in der geläufigen Näherungsform benutzt

$$\frac{d\ln p}{d\,(1/T)} = -\,\frac{\Delta H_a}{R}\,, \qquad (4)$$

worin ΔH_a die sogenannte isosterische Sorptionswärme ist. Nach Gl. 4 ergeben sich im log p-1/T-Diagramm in engem Temperaturbereich Geraden, deren Steigung mit $-R$ multipliziert der Sorptionswärme gleich ist. Die Anwendbarkeit dieser Gleichung für Sorptionsgleichgewichte ist dadurch bedingt, daß die Sorptionswärme im fraglichen Temperaturintervall konstant ist. Ist die Struktur des Sorbens im untersuchten Bereich temperaturabhängig, so ist die Bedingung der Gültigkeit der Gl. 4 durch

$$\frac{X}{a} = \text{konst}$$

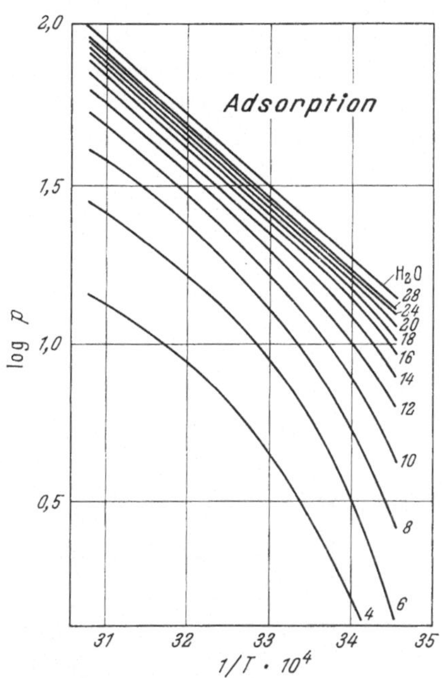

Abb. 9. Sorptionsisosteren des Cellophans in log p-1/T-Darstellung im Temperaturbereich von $t = 16{,}5\ °\mathrm{C}$ bis $49{,}9\ °\mathrm{C}$

gegeben, worin a die spezifische Oberfläche des Sorbens ist.

Eine Reihe solcher Isosteren des Cellophans sind in der Abb. 9 wiedergegeben. Sie enthalten dieselben Meßwerte wie die Abb. 7 und 8.

Abb. 9 zeigt, daß log p gegen 1/T nur bei höheren Wassergehalten im ganzen Temperaturbereich eine Gerade ergibt, d. h. nur dort, wo die Sorptionswärme annähernd konstant ist. Bei niedrigeren Wassergehalten steigt die Sorptionswärme mit sinkender Temperatur.

1.3.3.3. Die Othmersche Darstellung

Die nach OTHMER [11, 12, 13] benannte Darstellungsmethode von Phasengleichgewichten beruht ebenfalls auf der Anwendung der Clausius-Clapeyronschen Gleichung. Analog zu reinen Flüssigkeiten können

Isosteren von Festkörper-Wasser-Systemen unter Verwendung des reinen Wassers als Bezugssubstanz graphisch dargestellt werden.

Ein Beispiel für diese Darstellung gibt Abb. 10, in der die Experimente der Abb. 1 verwendet sind. Die oberste Gerade gibt die Dampfdrücke des reinen Wassers wieder, in dem die Ordinaten die Drücke in logarithmischem Maßstab und die Abszissen die entsprechenden Temperaturen darstellen. Die Schar der tiefer liegenden Linien sind die nach den Meßwerten der Abb. 1 entsprechend aufgetragenen Isosteren.

Der Erfolg dieser Linearisierungsmethode ist aus der Abb. 10 ersichtlich. Der Grund dafür ist der Umstand, daß das Verhältnis zweier

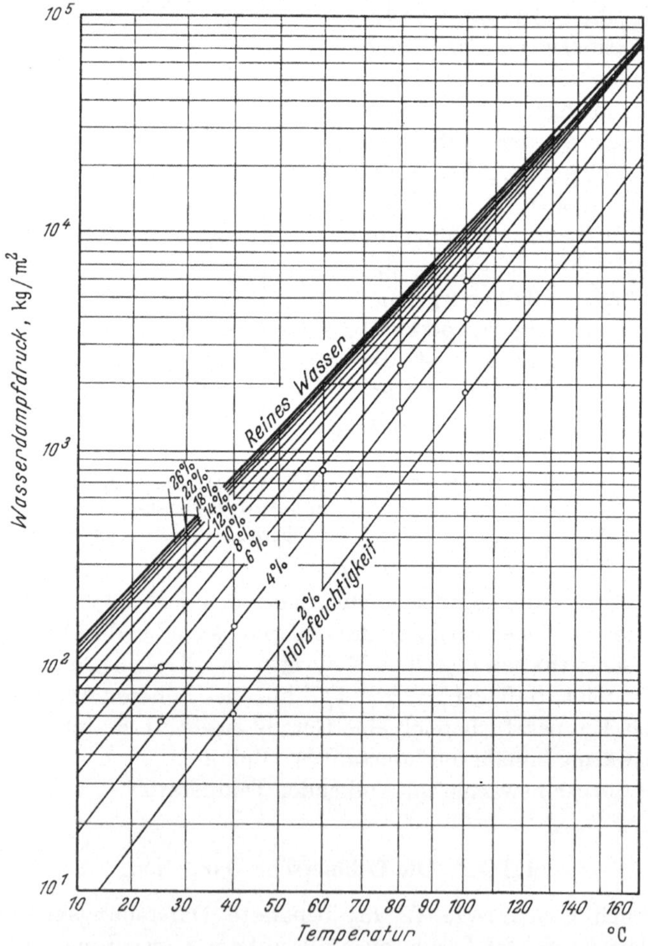

Abb. 10. Isosteren der Sitka Fichte in der Othmerschen Darstellung [14]

Kondensations- bzw. Sorptionswärmen wesentlich weniger temperaturabhängig ist als die einzelnen Wärmen selbst.

Phasenänderungen (auch des sorbierten Wassers) erscheinen in den
Othmerschen Diagrammen als Knickpunkte und können somit leicht
erkannt werden.

1.3.4. Die Isopsychre

Die Isopsychre stellt die Änderung der sorbierten Wassermenge mit
der Temperatur bei konstantem relativem Dampfdruck dar. Der Verlauf
solcher Kurven gibt über den Zustand des Sorbens und dessen Änderung
mit der Temperatur Auskunft.

1.3.4.1. Die gewöhnliche Isopsychre

Abb. 11 zeigt eine Reihe von Isopsychren der Baumwollcellulose
in einem breiten Temperatur- und Druckbereich.

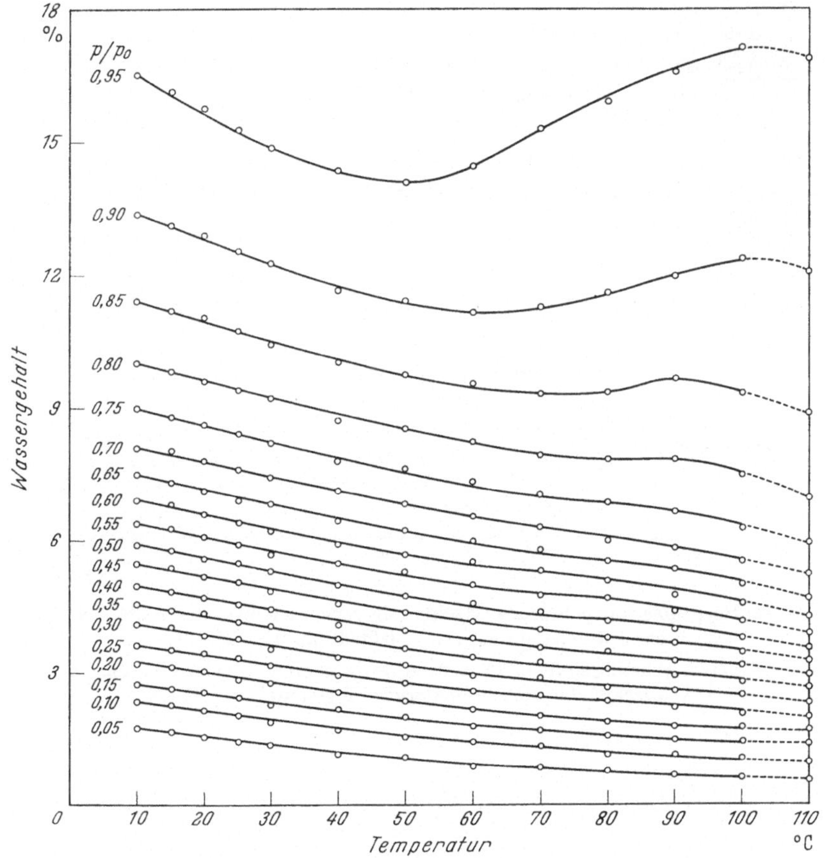

Abb. 11. Sorptionsisopsychren der Baumwollcellulose [15]

Typisch für Cellulose und Stärke ist das Auftreten eines Quellungsminimums und seine Verschiebung gegen niedrigere Temperaturen bei höheren relativen Wasserdampfdrücken.

Isopsychren können auch durch Auftragung des Logarithmus des Wassergehaltes gegen den reziproken Wert der absoluten Temperatur dargestellt werden. So hat z. B. WALKER [16] die obigen Resultate von URQUHART und WILLIAMS zwischen $p/p_0 = 0,05$ und $0,50$ als Geraden dargestellt.

1.3.4.2. Isopsychren bei variabler Zusammensetzung des Sorbens

Eine zweite Art von Isopsychren ergibt sich bei der Auftragung der sorbierten Wassermenge gegen die variable Zusammensetzung des Sorbens bei konstantem relativem Dampfdruck und konstanter Temperatur. Änderungen in der Sorptionsfähigkeit infolge chemischer Modifikation von bindungsfähigen Stellen und Hydratationserscheinungen von Ionen lassen sich auf diese Weise veranschaulichen. Die Abb. 12 zeigt die Beeinflussung der Sorptionsfähigkeit des Caseins durch die Bindung von Natrium- und Chloridionen [17].

Dieses Diagramm zeigt die maximale Bindungsfähigkeit des Caseins für Natriumchlorid, die etwa 110 Molen auf 10^5 g Protein beträgt.

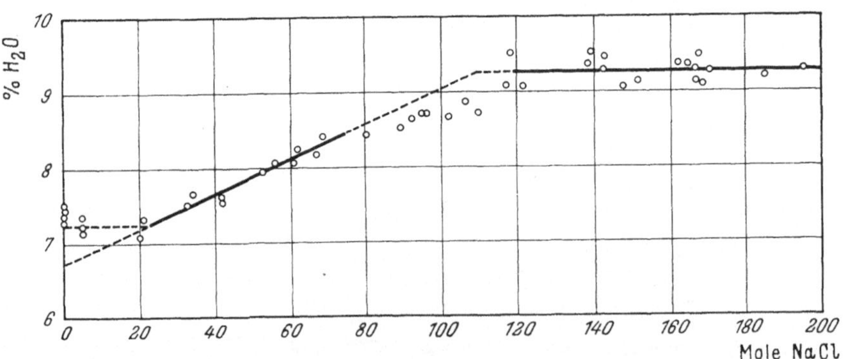

Abb. 12. Sorptionsisopsychre des Caseins mit verschiedenen zugesetzten Natriumchloridmengen bei $p/p_0 = 0,2608$ und $t = 25,0\ °\mathrm{C}$

Ordinate: Wassergehalt in Prozenten des wasser- und salzfreien Caseins.
Abszisse: Mole Natriumchlorid bezogen auf 10^5 g Casein

2. Das Sorbat Wasser

2.1. Das Wassermolekül

Die Sorption von Wasserdampf durch Festkörper ist weitgehend durch die Natur des Wassermoleküls bedingt, wie dies kürzlich von WARD [18] diskutiert wurde.

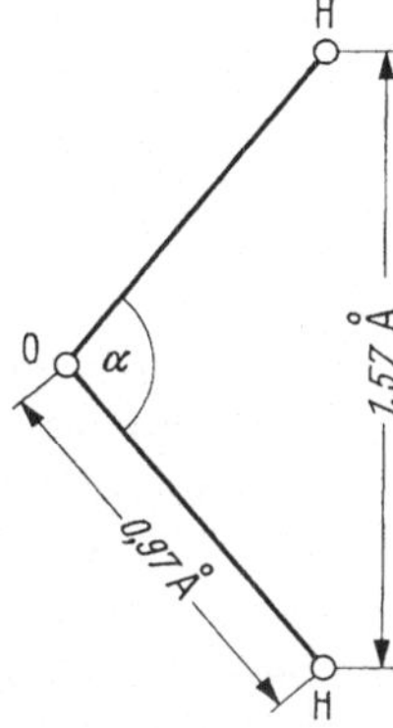

Abb. 13. Schematisches Bild eines Wassermoleküls

Die Größe und Gestalt des Wassermoleküls kann durch die Lage der Atomschwerpunkte, wie sie die Abb. 13 wiedergibt, beschrieben werden.

Der Winkel α variiert je nach dem Zustand, in welchem sich das Wasser befindet. Im Eis beträgt $\alpha = 109° 20'$ und entspricht somit genau dem Tetraederwinkel. Im Gaszustand ist $\alpha = 140° 40'$.

Tabelle 2. *Molekulare Sorptionskonstanten des Wassers*

Dipolmoment [19, S. 48]	
im Dampf	$1,83 \cdot 10^{-18}$ esE
im Wasser	$0,57 \cdot 10^{-18}$ esE
im Eis	$2,45 \cdot 10^{-18}$ esE
Volumenbedarf pro Molekül im Wasser	ca. 30 Å^3
Belegte Fläche pro Wassermolekül in unimolekularer Schicht [20]	10,6 Å^2
Flächenquivalent von 1 g Wasser in unimolekularer Schicht*	ca. 35 m^2

* Die Werte 10,6 Å^2 pro Molekül und 35 m^2 pro g haben keine allgemeine Gültigkeit. Die Bedeckungsdichte verschiedener Oberflächen mit Wassermolekülen ist auch von der Beschaffenheit der Oberfläche abhängig [21].

Die in bezug auf die Sorption wichtigsten molekularen Eigenschaften des Wassers sind in der Tab. 2 zusammengestellt.

2.2. Das Wasser in kondensiertem Zustand

2.2.1. Die Struktur des Wassers

Die Struktur und Eigenschaften des Wassers werden weitgehend durch die Wasserstoffbindungen zwischen den Wassermolekülen bestimmt. Für die Energie dieser Bindungen werden folgende Werte angegeben [22]:

im Dampf (Dimer)	5,0 kcal/mol H-Bindung,
im flüssigen Wasser	3,4 kcal/mol H-Bindung,
im Eis	5,75 kcal/mol H-Bindung.

Das Eis weist bei normalem Druck eine hexagonale, trydimitähnliche Struktur auf. Jedes Sauerstoffatom ist tetraedrisch von vier weiteren in einem Abstand von 2,76 Å umgeben. Zwischen ihnen befinden sich die Wasserstoffatome, von denen zwei hauptvalenzmäßig in einem Abstand von 0,97 Å an das Sauerstoffzentralatom gebunden sind, während die zwei anderen in Abständen von 1,79 Å vorliegen und zwei anderen O-Atomen angehören [23].

Diese Struktur bleibt auch über dem Schmelzpunkt teilweise erhalten. Die Verflüssigung führt zu einer dichteren Packung der Moleküle, so daß die Dichte beim Schmelzen um etwa 10% zunimmt und dann bis zu $t = 4\ °C$ noch weiter ansteigt. Erst bei höherer Temperatur überwiegt der Einfluß der Brownschen Bewegung der Moleküle, die eine Vergrößerung der mittleren O—O-Abstände bewirkt [24, 25, 26]. Diese werden bei $t = 1,5\ °C$ mit 2,90 Å und bei $t = 83\ °C$ mit 3,05 Å angegeben [27].

Die statistische Zahl der nichtgespaltenen Wasserstoffbindungen wird bei Zimmertemperatur auf 1,7 [28] bzw. 2 [29] pro Wassermolekül geschätzt. Ihre Zahl nimmt gegen höhere Temperaturen ab und dürfte bei $t = 100\ °C$ etwa 1,2 betragen [30]. Diese Wasserstoffbindungen bilden das Gerüst der Struktur des Wassers im flüssigen Zustand. Die heute bestentwickelte Theorie basiert auf der Annahme des Vorhandenseins von völlig wasserstoffbindungsfreien und von solchen Bezirken, in welchen die Wassermoleküle durch mehrere Wasserstoffbindungen zueinander gebunden sind (Schwärme; engl. clusters). Eine ausführliche Übersicht der Literatur über die Struktur des Wassers hat kürzlich KAVANAU [31] veröffentlicht.

2.2.2. Die physikalischen Eigenschaften des Wassers

2.2.2.1. Stoffeigenschaften des Wassers

Die Tab. 3 zeigt einige wichtige Stoffeigenschaften des Wassers.

Tabelle 3. *Stoffeigenschaften des Wassers*

Kritische Konstanten [32]		
Temperatur	374,15 °C	
	647,3 °K	
Druck	221,287 bar	
	218,39 atm	
	225,65 kp/cm²	
Volumen	3,1 cm³/g	
Dichte des Wassers		
relativ t °C	ϱ_w, g/cm³	
0	0,99987	
4	1,00000	
25	0,99707	
absolut 0	0,999841	
4	0,999973	
25	0,997048	
Dichte vom Eis, relativ bei $t = 0$ °C [33, S. 1317]	0,9164 g/cm³	
Dichte vom Wasserdampf bei $t = 25$ °C	0,02304 kg/m³	
Dielektrische Konstante	78,30	
Viskosität bei $t = 25$ °C	0,8903	Poise
Verdampfungsenthalpie bei $t = 25$ °C	583,2	cal/g
	10,519	kcal/mol
Sublimationsenthalpie bei $t = 0$°	677	cal/g
(Eis I → Wasserdampf)	12,185	kcal/mol
Schmelzenthalpie bei $t = 0$ °C	79,7	cal/g
	1,436	kcal/mol

2.2.2.2. Dampfdruck des Eises

Der Dampfdruck des Eises als Funktion der Temperatur wird durch die folgende Formel von WASHBURN beschrieben [19, S. 598]:

$$\log_{10} p = -\frac{2445,5646}{T} + 8,2312 \log_{10} T -$$
$$- 1677,006 \, (10^{-5}) \, T + 120514 \, (10^{-10}) T^2 -$$
$$- 6,757169, \tag{5}$$

worin p = Dampfdruck in mm Hg
t = Temperatur in °C
$T = 273,1 + t$.

Nach dieser Formel sind die Dampfdrucktabellen des Eises berechnet [34].

2.2.2.3. Dampfdruck des Wassers

Die tabellierten Dampfdrücke des Wassers gelten für den Gleichgewichtszustand zwischen reinem Wasser und dem eigenen Dampf. Die Einflüsse eines fremden Gases und der Krümmung der Oberfläche werden in eigenen Abschnitten behandelt. Der Einfluß gelöster Gase kann nach den Formeln von DORSEY [19, S. 560 ff.] berechnet werden. Elektrische und magnetische Einflüsse auf den Dampfdruck des Wassers können in Sorptionsmessungen vernachlässigt werden.

2.2.2.3.1. Dampfdruck von reinem Wasser

Der Dampfdruck des Wassers wird durch die Formel von OSBORNE und MYERS [19, S. 574] folgendermaßen beschrieben:

$$\log_{10} p = A + \frac{B}{T} + \frac{Cx}{T}\,(10^{Dx^2} - 1) + E\,(10^{Fy^{5/4}}), \qquad (6)$$

worin p = Dampfdruck in atm
t = Temperatur in °C
$T = 273{,}16 + t$
$x = T^2 - K$
$y = 374{,}11^{-t}$
$A = 5{,}4266514$
$B = -2005{,}1$
$C = 1{,}3869 \cdot 10^{-4}$
$D = 1{,}1965 \cdot 10^{-11}$
$K = 293700$
$E = 0{,}0044$
$F = 0{,}0057148.$

Eine modifizierte Form dieser Gleichung dient zur Berechnung der Werte der VDI-Dampftafeln [32, S. 25].

Tabelle 4. *Dampfdruck des unterkühlten Wassers*

Einheit des Druckes p = 1 millibar = 0,75 mm Hg
Temperatur = $(t_1 + t_2)$ °C.

$t_2 =$	0	−1	−2	−3	−4	−5	−6	−7	−8	−9
t_1					p					
0	6,105	5,677	5,275	4,898	4,546	4,217	3,909	3,620	3,352	3,100
−10	2,866	2,648	2,444	2,255	2,079	1,915	1,763	1,622	1,490	1,370
−20	1,257	1,153	1,056	0,967	0,885	0,809	0,739	0,674	0,615	0,560
−30	0,510	0,464	0,421	0,383	0,347	0,314	0,285	0,257	0,233	0,210
−40	0,189	0,170	0,153	0,138	0,124	0,111	0,0994	0,0890	0,0795	0,0710
−50	0,0633									

Die Zahlenwerte des Dampfdruckes findet man in LANGE's Handbook [*34*, S. 1458–1461] und in vielen anderen Handbüchern und Tabellenwerken.

Der Dampfdruck des unterkühlten Wassers bis zu $t = -50\ °\mathrm{C}$ ist in der Tab. 4 zusammengefaßt [*19*, S. 563].

2.2.2.3.2. Einfluß des Teildruckes von fremden Gasen

Die tabellierten Dampfdrücke des Wassers gelten für den Fall, daß dieses mit dem eigenen Dampf im Gleichgewicht steht. Ist zudem noch ein inertes Gas im System vorhanden, so steht das Wasser unter einem höheren Druck als dem des eigenen Dampfes. Der Einfluß eines äußeren Druckes auf das Phasengleichgewicht kann aus der Druckabhängigkeit des chemischen Potentials abgeleitet werden, s. EVERETT [*35*, S. 39]. Unter der Annahme des idealen Verhaltens lautet das Gesetz in integrierter Form

$$v\,(P_2 - P_1) = RT\,\ln\frac{p_2}{p_1}.\tag{7}$$

v ist das molare Volumen des Wassers, p_1 und p_2 sind die zu den Gesamtdrücken P_1 und P_2 gehörenden Dampfdrücke. Ersetzt man P_1 durch den Dampfdruck des reinen Wassers, p_0, so ergibt sich nach weiterem Umformen die Gl. 8

$$\ln\frac{p}{p_0} = 9{,}69\cdot 10^{-7}\,(P - p_0),\tag{8}$$

die sich für kleine Werte der rechten Seite zu

$$\frac{p}{p_0} = 1 + 9{,}69\cdot 10^{-7}\,(P - p_0)\tag{9}$$

vereinfachen läßt. Die Einheit des Druckes in diesen Gleichungen ist mm Hg.

Mit den Werten von $P = 760$ mm Hg und $p_0 = 23{,}76$ mm Hg bei $t = 25\ °\mathrm{C}$ läßt sich nach Gl. 9 ein relativer Druck von $p/p_0 = 1{,}00071$ für den Fall berechnen, wenn das Wasser unter dem Gesamtdruck von 1 atm steht. Atmosphärische Druckänderungen von etwa 2–3% wirken sich in der 5. Dezimalstelle des relativen Dampfdruckes aus.

Zur Berechnung des Dampfdruckes des Wassers bei Gegenwart von Luft aus den tabellierten Werten gibt DORSEY [*19*, S. 563] folgende Formeln an:

für $t = 0\ °\mathrm{C}{-}40\ °\mathrm{C}$

$$\frac{\Delta p}{p_0} = 0{,}000775 - 3{,}13\,(10^{-6}t)\tag{10}$$

und für $t = 50\ °C - 90\ °C$

$$\frac{\Delta p}{p_0} = 0{,}000652 - 8{,}75\ (10^{-7} t). \tag{11}$$

In den Gleichungen 10 und 11 bedeutet Δp die Erhöhung des Dampfdruckes p_0 durch die Luft. Δp und p_0 sind in mm Hg ausgedrückt. Der Gesamtdruck wird zu $P = 760$ mm Hg angenommen.

2.2.2.3.3. Einfluß der Krümmung der Oberfläche

Der Einfluß der Krümmung der Oberfläche einer Flüssigkeit auf den Dampfdruck wird durch die Kelvinsche Gleichung beschrieben [2, S. 251]:

$$\ln \frac{p}{p_0} = - \frac{v\,2\,\sigma}{r\,RT}\,\cos\Theta, \tag{12}$$

worin v = molares Volumen

      σ = Oberflächenspannung

      r = Krümmungsradius des Meniskus der Flüssigkeitssäule bei kreisförmigem Querschnitt

      Θ = Benetzungswinkel.

Gl. 12 läßt sich für Wasser bei $t = 25\ °C$, $\Theta = 0°$ und mit r in cm in folgender Form darstellen

$$\ln \frac{p}{p_0} = - 1{,}0478 \cdot 10^{-7}\ r^{-1} \tag{13}$$

oder bei kleinen Werten der rechten Seite

$$\frac{p}{p_0} = 1 - 1{,}0478 \cdot 10^{-7}\ r^{-1}. \tag{14}$$

In der Tab. 5 sind relative Wasserdampfdrücke in Abhängigkeit des Kapillarradius nach dieser Formel berechnet.

Tabelle 5. *Zusammenhang zwischen relativem Druck und Kapillarradius bei vollständiger Benetzung der Wand der Kapillare*

r cm	$\dfrac{p}{p_0}$
10^{-4}	0,9989522
10^{-3}	0,9998952
10^{-2}	0,9999895
10^{-1}	0,9999989
1	0,9999999

2.3. Der Wasserdampf

2.3.1. Zustandsfunktionen

Um den Zusammenhang zwischen Molekülzahl, Druck, Volumen und Temperatur für den Wasserdampf zu beschreiben, wurden viele Zustandsfunktionen vorgeschlagen [19, 33].

Die VDI-Dampftafeln wurden an Hand der folgenden Zustandsgleichung berechnet [32]

$$\frac{v}{\text{m}^3/\text{kg}} = \frac{\overline{R}\tau}{\sigma} - \frac{A - E\,(c - \sigma)\,\tau^{2\cdot 2,82}}{\tau^{2,82}} -$$

$$- \left[\frac{B - (d\,\sigma - \tau^3)\,D\sigma}{\tau^{14}} + \frac{C}{\tau^{32}}\right]\sigma^2 - (1 - e\sigma)\,F\tau \qquad (15)$$

Darin sind die reduzierten Zustandgrößen

$$\sigma = \frac{p}{p_k}$$

$$\tau = \frac{T}{T_k}$$

und die zehn dimensionslosen Konstanten

$$\overline{R} = 1{,}34992 \cdot 10^{-2}$$
$$A = 4{,}7331 \ \cdot 10^{-3}$$
$$B = 2{,}93945 \cdot 10^{-3}$$
$$C = 4{,}35507 \cdot 10^{-6}$$
$$D = 6{,}70126 \cdot 10^{-4}$$
$$E = 3{,}17362 \cdot 10^{-5}$$
$$F = 8{,}06867 \cdot 10^{-5}$$
$$c = 1{,}55108$$
$$d = 1{,}26591$$
$$e = 1{,}32735.$$

Für niedrige Drücke, wenn $p \leqq 1$ at, und bei Temperaturen von 0 °C bis 200 °C eignet sich ferner die Berthelotsche Gleichung in der Form

$$v = \frac{47{,}06\,T}{p} - \frac{0{,}2915}{(T/100)^2} + 0{,}00077 \qquad (16)$$

mit v in m³/kg und p in at [33, S. 1353].

2.3.2. Abweichung vom idealen Verhalten

Statt durch Aufstellung von Zustandsfunktionen kann das reale Verhalten des Wasserdampfes auch durch die Abweichungen vom idealen Verhalten beschrieben werden. Dies wird häufig durch Einführung von korrigierten Drücken oder Fugazitäten vorgenommen, wie sie im Abschnitt 1.2. definiert sind. Nähere Einzelheiten finden sich bei LEWIS und RANDALL [2, S. 190 ff.] und bei DORSEY [19, S. 594 ff.] Im gewöhnlichen Druck- und Temperaturbereich der Wasserdampf-Sorptionsmessungen kann die vereinfachte Methode von LEWIS und RANDALL zur Berechnung der Abweichungen vom idealen Verhalten angewendet werden. Demnach ist annähernd

$$\frac{f}{p} = \frac{pv}{RT},\tag{17}$$

worin f die Fugazität, p den Druck und v das Molvolumen bedeuten. Die rechte Seite der Gl. 17 kann dem Bruch

$$\frac{pv}{RT} = \frac{p}{p_i}\tag{18}$$

gleichgesetzt werden, worin p_i demjenigen Druck entspricht, den ein ideales Gas beim gegebenen Molvolumen v ausüben würde. Analog zur Gl. 18 kann geschrieben werden

$$\frac{pv}{RT} = \frac{v}{v_i},\tag{19}$$

worin v_i das Volumen eines Mols eines idealen Gases beim Druck p darstellt.

Die Werte des Bruches pv/RT im Sättigungszustand bei verschiedenen Temperaturen zwichen $t = 0\,°C$ und $150\,°C$ wurden von KEYES [36] veröffentlicht. DORSEY [19, S. 575 ff.] hat ferner die spezifischen Volumina des Wasserdampfes sowie ihre Abweichungen von den idealen Werten an Hand der Messungen von OSBORNE mitgeteilt. In Tab. 6 sind die Angaben der beiden Autoren für gesättigten Wasserdampf im Temperaturintervall 0 °C bis 100 °C enthalten.

Die Übereinstimmung ist bei niedrigen und hohen Temperaturen sehr gut, bei mittleren Temperaturen sind die Zahlen der dritten Kolonne vorzuziehen.

Die Fugazität des Wasserdampfes in überhitztem Zustand ist eine komplizierte Funktion des Druckes. Im Bereich der Sorptionsmessungen kann jedoch auch in dieser Hinsicht eine vereinfachende Annahme gemacht werden, nämlich daß die Abweichung vom idealen Verhalten dem Druck proportional ist. Auf Grund dieser Vereinfachung haben KORVEZEE und DINGEMANS [37] eine Formel zur Berechnung der Aktivität des überhitzten Wasserdampfes abgeleitet. Sie ist durch Gl. 20 wiedergegeben.

$$\frac{f}{p} = \frac{p_o v}{RT}\left[1 + \left(1 - \frac{p}{p_o}\right)\left(1 - \frac{p_o v}{RT}\right)\right].\tag{20}$$

Tabelle 6. *Verhältnis der Fugazität zum Druck des Wasserdampfes im Sättigungszustand*

t °C	$\dfrac{p_0 v}{RT}$	
	nach KEYES [36]	nach DORSEY [19]
0	0,99947	0,99950
5	0,99936	—
10	0,99919	0,99870
15	0,99900	—
20	0,99877	0,99811
25	0,99848	—
30	0,99816	0,99764
40	0,99734	0,99694
50	0,99612	0,99603
60	0,99480	0,99469
70	0,99303	0,99291
80	0,99070	0,99053
90	0,98790	0,98778
100	0,98449	0,98447

Der Quotient f/p kann nach Gl. 20 für jeden relativen Druck p/p_0 berechnet werden, indem der entsprechende Wert der Tab. 6 für $p_0 v/RT$ eingesetzt wird.

2.3.3. Einfluß äußerer Faktoren auf den relativen Wasserdampfdruck

Es gibt eine Anzahl äußerer Faktoren, die den relativen Dampfdruck des Wassers innerhalb eines Sorptionssystemes beeinflussen können. Solche Einflüsse sind von der experimentellen Anordnung abhängig und müssen deshalb bei der Planung von Sorptionsapparaturen berücksichtigt werden. Diese Faktoren sind die barometrische Höhendifferenz zwischen Sorbens und Sorbatquelle, die Temperatur- und die Druckschwankungen.

2.3.3.1. Barometrische Höhendifferenz

Der Druck eines Gases im Gravitationsfeld ist von der Höhe abhängig. Die diesbezügliche Formel lautet

$$\ln \frac{P_2}{P_1} = -\frac{Mg}{RT}(h_2 - h_1), \tag{21}$$

wo P_2 und P_1 die zu den Positionen h_2 und h_1 gehörenden Drücke bedeuten; M ist das Molekulargewicht und g die Erdbeschleunigung. Gl. 21 kann auch auf den Abfall des Druckes von Wasserdampf über einer

Wasserfläche angewendet werden. Wird h_1 gleich 0 gesetzt, so wird P_1 gleich dem Dampfdruck des Wassers, p_0, und die obige Formel mit h in cm lautet:

$$\ln \frac{p}{p_0} = -7,13 \cdot 10^{-7}\, h. \tag{22}$$

Für kleine Werte von h gilt

$$\frac{p}{p_0} = 1 - 7,13 \cdot 10^{-7}\, h. \tag{23}$$

Die Werte der Tab. 7 sind mit der Gl. 23 berechnet.

Tabelle 7. *Einfluß der barometrischen Höhendifferenz auf den relativen Dampfdruck des Wassers*

h cm	$\dfrac{p}{p_0}$
0	1
1	0,9999993
10	0,9999929
100	0,9999287

Aus der Tabelle 7 ist ersichtlich, daß sich ein Teildruckgefälle einstellt, wenn Sorbens und Wasseroberfläche nicht in gleicher Höhe sind. Bei einer Höhendifferenz von 10 cm wirkt sich dies bereits in der 6. Stelle des relativen Druckes aus.

2.3.3.2. Temperaturschwankungen

Die Größe dieses Effektes läßt sich aus der Temperaturabhängigkeit des Druckes eines idealen Gases und einer Flüssigkeit bei konstantem Volumen nach der folgenden Näherungsformel berechnen

$$\left(\frac{p}{p_0}\right)_2 = \left(\frac{p}{p_0}\right)_1 \frac{1 + \alpha\, \Delta T}{e^{B\frac{\Delta T}{T^2}}}. \tag{24}$$

In Gl. 24 ist das Resultat der beiden untersuchten Temperaturen, $T_1 \cdot T_2$, dem Quadrat der mittleren Temperatur, T^2, gleichgesetzt worden. Diese Gleichung kann bei kleinen Werten der Potenz von e, unter Vernachlässigung des quadratischen Gliedes und mit $B = 4617$ (s. Gl. 6) durch Gl. 25 ersetzt werden

$$\left(\frac{p}{p_0}\right)_2 = \left(\frac{p}{p_0}\right)_1 (1 - 0,04833\, \Delta T), \tag{25}$$

woraus sich bei kleinen Temperaturschwankungen folgende relative Drücke berechnen lassen, s. Tab. 8.

Tabelle 8. *Einfluß der Temperaturschwankungen auf den relativen Dampfdruck bei konstantem Wasserdampfgehalt im Gasraum*

ΔT °K	$\dfrac{p}{p_0}$
0	1
0,001	0,99995
0,01	0,99952
0,1	0,99517
1	0,95167

Der Tab. 8 ist es zu entnehmen, daß sich Temperaturschwankungen von 0,01 °C schon in der 4. Stelle des relativen Dampfdruckes bemerkbar machen. Dieser Effekt ist dem relativen Druck selbst proportional.

2.3.3.3. Druckschwankungen

Dieser Faktor ist besonders bei den dynamischen Methoden zu berücksichtigen, wo der Strömungswiderstand der verschiedenen Apparateteile merkliche Druckänderungen des Gasgemisches verursachen kann. Die Tab. 9 zeigt einige Werte für Wasserdampf in Luft zur Abschätzung des Einflusses von isothermen Druckänderungen bei $t = 25$ °C und $P = 760$ mm Hg Anfangsdruck. Die Berechnung wurde unter der Annahme durchgeführt, daß sich Änderungen im Gesamtdruck auf die einzelnen Komponenten eines Gasgemisches proportional zu ihrem Teildruck verteilen.

Tabelle. 9. *Einfluß kleiner Druckänderungen eines Luft-Wasserdampfgemisches auf den relativen Dampfdruck bei konstantem Wasserdampfgehalt*

P_g mm Hg	ΔP mm Hg	$\dfrac{p}{p_0}$
760	0	1
759,9	0,1	0,99987
759	1	0,99868
750	10	0,98684

Dieser Einfluß übertrifft alle bisherigen, kann jedoch in statischen Systemen, in welchen Sorbens und Sorbatquelle sich in gleichem Raum befinden, außer acht gelassen werden.

Tabelle 10. *Klassifikation der Bindungsarten des Wassers durch Festkörper*

	Art der Bindung des Wassers	Art des Sorbens bzw. des Sorptionsvorganges	Typ der Sorptionsisotherme	Beispiel
1.	Sorption mit chemischer Reaktion	A) Metall B) Metalloxid	Irreversibel bei $p/p_o = 0$ Irreversibel bei $p/p_o = 0$	Germanium Calciumoxid

2.	Sorption mit Hydratbildung	A) Stöchiometrisch
		  a) Niedermolekular
		  b) Hochmolekular
		
		B) Nichtstöchiometrisch
			
			Treppenkurve
			—
			
			Treppenkurve
				
				$CuSO_4 \cdot 5\,H_2O$
				Kristalline Bezirke der Hydratcellulose
				Montmorillonit

3.	Sorption ohne Struktur-änderung	A) Persorption
		B) Oberflächensorption
		  a) Hydrophile Oberfl.
		  b) Hydrophobe Oberfl.
			Typ I
			
			Typ II
			Typ III
				Synthetische Zeolithe
				
				Quarz
				Graphit

4.	Sorption mit Struktur-änderung	A) Begrenzte Quellung
		  a) Stark polare Sorbentien
		    α) Kristallin
		    β) Amorph
		
		  b) Schwach polare Sorbentien
		B) Unbegrenzte Quellung
			
			Typ II ohne Hysteresis
			Typ II mit Hysteresis
			
			Typ III
			Typ II
				
				Lactalbumin
				Armophe Bezirke der Cellulose
				
				Polyvinylalkohol
				Salmin

5.	Kapillarkondensation	A) Hydrophile Oberfl. B) Hydrophobe Oberfl.	Typ IV (od. Typ II) Typ V (od. Typ III)	Silicagel Aktivkohle
6.	Sorption unter Bildung einer Lösung	A) Bildung von gesättigter Lösung B) Bildung von übersättigter Lösung	Treppenkurve Typ III	Natriumchlorid Glucoseglas

2.4. Bindungsarten des Wassers an Festkörpern

Die Wasserdampfsorption von festen Sorbentien ist in komplizierter Weise von ihrer chemischen Konstitution und physikalischen Struktur abhängig. Eine exakte theoretische Deutung der Wasserdampf-Sorptionsisothermen ist daher nur in seltenen einfachen Fällen möglich. Alle Faktoren, die die Struktur und Zusammensetzung der Festkörper beeinflussen, haben auch auf die Sorptionsfähigkeit einen Einfluß. Herkunft, Vorgeschichte und selbst die Aufnahmetechnik der Isothermen können Unterschiede in den Gleichgewichtswassergehalten bei gegebenen Dampfdrücken verursachen.

Trotz der großen Vielfalt der Sorbentien in chemischer und physikalischer Hinsicht lassen sich die Sorptionsisothermen in einigen wenigen Gruppen einteilen. Abgesehen von der chemischen Bindung des Wassers sind es deren fünf, s. Abb. 1. Dieses einfache Bild deutet darauf hin, daß manche grundverschiedene Substanzen wegen gleiches Bindungsmechanismus gemeinsame Züge in der Wasserdampfsorption aufweisen und das sorbierte Wasser durch die Festkörper nach nur wenigen Mechanismen gebunden ist.

Die Wechselwirkungen zwischen Wassermolekülen und Sorbens können qualitativ nach der Art der Sorbentien geordnet werden. Eine sorgfältige Übersicht der Literatur nach diesem Prinzip findet sich im GMELINs Handbuch [33]. Aus den Vorhergehenden folgt jedoch, daß es einfacher ist, das Ordnen nach den Arten der Wasserbindungsmechanismen vorzunehmen. Eine in die Einzelheiten gehende Klassifikation der Wasserbindung auf dieser Basis findet man bei LYKOW [38]. Mit den verschiedenen Bindungsarten des Wassers an quellbaren Körpern, insbesondere an Cellulose, setzt sich STAMM [39] auseinander. In der Tab. 10 wird eine Klassifizierung der Sorptionsarten vorgeschlagen, welche erstens auf den verschiedenen Wechselwirkungsarten von Wasser und Sorbens und zweitens auf den unterschiedlichen chemischen und physikalischen Eigenschaften der Sorbentien beruht.

3. Die Methoden
der Wasserdampf-Sorptionsmessungen

Die Methoden zur Untersuchung der Wasserdampfsorption an festen Körpern weisen im Vergleich zu den allgemeinen Adsorptionsmethoden gewisse Besonderheiten auf. An den meisten Sorbentien erfolgt eine mengenmäßig bedeutende Sorption von Wasserdampf auch bei Zimmertemperatur. Sorptionsmessungen werden daher nur selten unter $t = 0\ °C$ bzw. über 100 °C durchgeführt, was eine wesentliche Vereinfachung der Apparaturen in bezug auf die Konstanthaltung der Temperatur bedeutet.

Von besonderer Wichtigkeit ist auch der Umstand, daß fremde Gase, wie Luft, die Sorption des Wasserdampfes in den allermeisten Fällen nicht beeinflussen. Damit fällt die Notwendigkeit der vollständigen Evakuierung oder Entgasung der Apparatur und des Sorbens dahin. Dieser Umstand wurde in zahlreichen Arbeiten experimentell bestätigt, wie z. B. mit Cellulose [40], Ionenaustauschern [41], Ruß [42], Aktivkohle [43, 44], Silicagel [45], Asbest [46, 47], Tonmineralien [48], Zement [49] und Erdböden [50]. Resultate, die das Gegenteil zeigen, sind aus der Literatur nicht bekannt.

Unter den Methoden der Wasserdampf-Sorptionsmessungen nimmt die Aufnahme von Sorptionsisothermen den ersten Platz ein. In neuerer Zeit werden außerdem sehr viele thermogravimetrische Untersuchungen ausgeführt, besonders auf dem Gebiet der Chemisorption und der Bestimmung von Sorptionsisobaren. Sorptionsisosteren werden hingegen fast immer aus Isothermen bei mehreren Temperaturen graphisch konstruiert. Sorptionsisopsychren werden ausschließlich rechnerisch ermittelt.

Die Methoden der Bestimmung von Wasserdampf-Sorptionsisothermen liefern sinngemäß gleichzeitig die sorbierte Wassermenge und den Druck des Wasserdampfes im Gleichgewichtszustand. Ganz allgemein können alle Methoden zur Messung dieser beiden Größen beliebig kombiniert werden. Das ist der Grund der großen Vielfalt der Methoden, nach welchen die Sorptionseigenschaften fester Sorbentien untersucht werden. Eine einfache Klassifikation der Methoden ergibt sich indessen nach dem Gesichtspunkt, ob das Hauptgewicht auf der Bestimmung des Wassergehaltes der kondensierten Phase bei bestimmtem Wasserdampfdruck oder auf der Bestimmung des Gleichgewichtsdampfdruckes bei bestimmter sorbierter Wassermenge liegt. Nach diesem Prinzip unterscheidet man zwischen

a) gravimetrischen und

b) manometrischen und hygrometrischen Methoden.

Eine weitere Unterteilung innerhalb der Gruppen kann danach erfolgen, ob die Meßgröße während der Sorptionsmessung kontinuierlich beobachtet oder diskontinuierlich, bei jeweiliger Unterbrechung des Sorptionsvorganges bestimmt wird. Im ersten Fall ist das Gerät zur Bestimmung dieser Größe, bei den gravimetrischen Methoden die Waage und bei den manometrischen Methoden das Manometer, ein Bestandteil der Sorptionsapparatur. Der Zustand des Sorbens kann durch geeignete Dosierung des Sorbates im geschlossenen System variiert und der zeitliche Ablauf des Sorptionsvorganges laufend verfolgt werden. Solche Methoden erlauben die Bestimmung von ganzen Isothermen mit beliebig vielen Punkten an einer relativ kleinen Anzahl von Proben.

Die Methoden mit diskontinuierlicher Beobachtung der Meßgröße arbeiten mit zwei getrennten Systemen, von denen das eine zur Einstellung des Gleichgewichtszustandes und das zweite zur Bestimmung der Meßgröße dienen. Diese Methoden sind leistungsfähiger aber weniger genau. Sie werden häufig zur Bestimmung einzelner Punkte von Sorptionsisothermen benützt.

Eine dritte Gruppe umfaßt diejenigen Methoden, die für extreme Wasserdampfdrücke oder für ganz spezielle Zwecke entwickelt worden sind. Die Tab. 11 gibt eine Übersicht der verschiedenen Verfahren nach diesen Gesichtspunkten und nach den wichtigsten Verwendungszwecken geordnet.'

Tabelle 11. *Gruppierung der Methoden der Wasserdampf-Sorptionsmessungen*

1. Gravimetrische Methoden
1.1. Methoden mit kontinuierlicher Beobachtung der Meßgröße; Bestimmung von ganzen Isothermen und Isobaren
1.2. Methoden mit diskontinuierlicher Beobachtung der Meßgröße; Bestimmung einzelner Punkte von Sorptionsisothermen
2. Manometrische und hygrometrische Methoden
2.1. Methoden mit kontinuierlicher Beobachtung der Meßgröße; Bestimmung von ganzen Isothermen und Isosteren
2.2. Methoden mit diskontinuierlicher Beobachtung der Meßgröße; Bestimmung einzelner Punkte von Sorptionsisothermen
3. Spezielle Methoden

In der Literatur sind außerdem viele Apparaturen beschrieben, die als die Kombination einer gravimetrischen und einer manometrischen Apparatur angesehen werden können. Solche Sorptionsapparaturen lassen sich jedoch auf den einen oder anderen Typ zurückführen und werden deshalb nicht gesondert besprochen.

3.1. Gravimetrische Methoden

Diese Methoden zeichnen sich dadurch aus, daß man die sobierte Wassermenge, die bei bekanntem Wasserdampfdruck im Gleichgewichtszustand aufgenommen wird, gravimetrisch ermittelt. Die Messung des Dampfdruckes erübrigt sich, weil dieser auf verschiedene Weise konstant gehalten wird.

3.1.1. Methoden zur Einstellung eines konstanten Wasserdampfdruckes

Die Methoden zur Einstellung und Konstanthaltung eines bestimmten Wasserdampfdruckes können nach dem Prinzip gruppiert werden, ob die Gleichgewichtseinstellung zwischen Sorbens und Wasserdampfquelle

1. statisch oder in einem gerührten System
2. dynamisch, d. h. in einem Strömungs- oder Umlaufsystem erfolgt.

Im ersten Fall wird die Gasphase nicht bewegt oder höchstens langsam gerührt; im zweiten strömt das Trägergas durch den Apparat oder es wird darin in Zirkulation gehalten. In der Anwendung der beiden Luftkonditionierungssysteme besteht ebenfalls eine gegenseitige Abgrenzung. Die statische Einstellung des Wasserdampfdruckes wird nämlich vorwiegend bei den eingangs definierten kontinuierlichen Methoden angewendet, bei denen eine Bewegung der Gasphase das Funktionieren der eingebauten empfindlichen Waage stören würde. Die dynamische Luftkonditionierung hingegen wird vorwiegend bei den Methoden mit diskontinuierlicher Beobachtung der Meßgröße angewendet.

In beiden Systemen stehen folgende Möglichkeiten zur Einstellung des Wasserdampfdruckes zur Verfügung.

Für statische Methoden

1. Ungesättigte und gesättigte Lösungen bestimmter Dampfdrücke
2. Kristallhydrate
3. Wasserbehälter bestimmter Temperatur (statische Taupunkteinstellung)

Für dynamische Methoden

1. Ungesättigte und gesättigte Lösungen
2. Mischungen trockener und feuchter Luft
3. Luftstrom bestimmten Taupunktes

Die statischen Methoden werden in den folgenden Abschnitten, die dynamischen Methoden im Abschnitt 3.1.3.2. besprochen.

Eine Übersicht der Methoden zur Einstellung der relativen Luftfeuchtigkeit für die Eichung von Hygrometern haben WEXLER und BROMBACHER [51] veröffentlicht.

3.1.1.1. Lösungen bestimmter Dampfdrücke

Zur Einstellung eines bestimmten Wasserdampfdruckes in Sorptionsmessungen können gesättigte oder ungesättigte Lösungen benutzt werden. Gesättigte Lösungen mit Bodenkörper haben eine wesentlich größere Wasseraufnahmekapazität, ohne ihre Konzentration während der Sorptionsmessung zu ändern. Bei der Anwendung ungesättigter Lösungen ist es unerläßlich, die Änderung der Konzentration aus den gemessenen Gewichtsänderungen des Sorbens zu berechnen oder jeweils nach der Gleichgewichtseinstellung direkt zu bestimmen. Bei der Anwendung genügend großer Mengen solcher Lösungen können allerdings die Konzentrationsänderungen in beliebig kleinen Grenzen gehalten werden.

Werden gesättigte Lösungen zur Konstanthaltung des Wasserdampfdruckes eingesetzt, so kommt zu den übrigen Teilvorgängen der Gleichgewichtseinstellung noch ein Stofftransport an der Phasengrenze Bodenkörper–Lösung hinzu. Das ist der Grund, warum gesättigte Lösungen mit Vorteil bei den dynamischen Methoden verwendet werden, wo einerseits relativ große Wassermengen der Lösung entzogen oder zugeführt werden und andererseits eine ständige Durchmischung der Lösung durch das zirkulierende Trägergas gewährleistet ist.

In statischen Systemen hängt die Geschwindigkeit der Gleichgewichtseinstellung von der Fläche der Elektrolytlösung und vom Abstand zwischen Lösung und Sorbens ab. Wenn verschiedene Wasserdampf-Teildrücke eingestellt werden müssen, ist es vorteilhaft, die Elektrolytlösungen in rasch auswechselbaren Gefäßen bereitzuhalten.

3.1.1.1.1. Ungesättigte Lösungen

a) Schwefelsäure

Unter den ungesättigten Elektrolytlösungen nimmt die Schwefelsäure eine besondere Stellung ein. Sie ist destillierbar und kann somit von ihren Verunreinigungen weitgehend gereinigt werden. Die Schwefelsäure wurde deshalb als allgemein anwendbare Standardsubstanz für analytische Zwecke vorgeschlagen [52].

Die Anwendbarkeit der Schwefelsäure bei sehr kleinen relativen Wasserdampfdrücken ist beschränkt durch ihre Flüchtigkeit. Als Trocknungsmittel für Vakuumexsikkatoren ist sie entgegen häufigen Empfehlungen ungeeignet. Die Flüchtigkeit der Schwefelsäure wurde schon sehr früh erkannt [53, 54], doch zeitweise scheint diese Eigenschaft wieder übersehen worden zu sein [55]. Die Untersuchungen von ABEL [56] sind in dieser Beziehung aufschlußreich. Abb. 14 zeigt die Zusammensetzung der Gasphase über wasserarmen Schwefelsäurelösungen bei verschiedenen Temperaturen.

Aus der Abb. 14 ist ersichtlich, daß Schwefelsäuren über 85 % bei $t = 25\,°\mathrm{C}$ so viel Säure in den Dampfraum abgeben, daß sie im allgemeinen weder zur Erzielung bestimmter, niedriger Wasserdampfdrücke noch als Trockenmittel verwendet werden können. Die Brauchbarkeit der Schwefelsäurelösungen liegt also im Konzentrationsgebiet von 0 bis etwa 85 %, wobei relative Wasserdampfdrücke zwischen $p/p_0 = 1$ und 0,001 eingestellt werden können. Bei höheren Temperaturen beträgt die höchste zulässige Konzentration etwa 80 %.

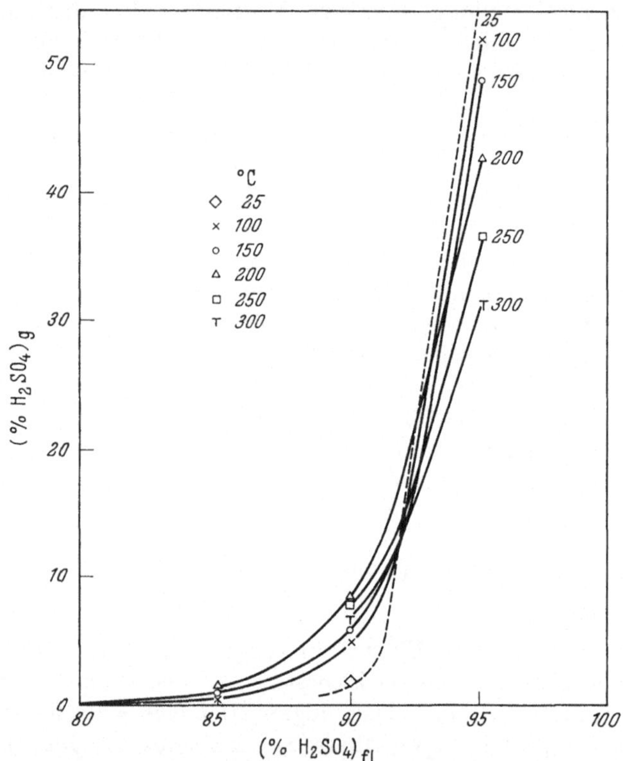

Abb. 14. Gewichtsprozent der Schwefelsäure in der Gasphase als Funktion der Konzentration der flüssigen Phase

Über die Aktivität des Wassers in wäßrigen Schwefelsäurelösungen liegen ausgedehnte experimentelle Untersuchungen wie auch thermodynamische Berechnungen vor. GLUECKAUF und KITT [57] geben im Aktivitätsbereich $a_w = 0{,}001$ bis 0,05 20 Werte an, wobei die Werte unter $a_w = 0{,}02$ auf 1 % und die Werte zwischen $a_w = 0{,}02$ und 0,05 auf 0,25 % genau sind. SHANKMAN und GORDON [58] ermittelten 20 Werte im Aktivitätsbereich von $a_w = 0{,}05$ bis 0,92. Aus diesen Werten erstellten

Tabelle 12. *Zusammenhang zwischen Aktivität des Wassers und Konzentration wäßriger Schwefelsäurelösungen bei t = 25 °C*

H_2SO_4-%	a_w	H_2SO_4-%	a_w
0,488	0,9981	46,88	0,4180
0,971	0,9964	47,71	0,4000
1,924	0,9929	49,52	0,3612
2,858	0,9893	50,04	0,3500
3,775	0,9858	52,45	0,3000
4,675	0,9821	54,06	0,2680
5,558	0,9783	55,01	0,2500
6,425	0,9743	55,51	0,2404
7,276	0,9703	57,76	0,2000
8,111	0,9662	57,86	0,1980
8,932	0,9620	58,91	0,1800
10,53	0,9530	59,73	0,1667
11,02	0,9500	60,80	0,1500
12,07	0,9440	61,08	0,1456
12,82	0,9392	62,55	0,1250
13,56	0,9344	63,84	0,1076
15,01	0,9240	64,45	0,1000
15,84	0,9174	65,28	0,0900
16,40	0,9128	66,23	0,0796
17,91	0,9000	66,95	0,0720
18,00	0,8995	68,33	0,0589
19,69	0,8837	68,94	0,0538
21,50	0,8650	69,44	0,0500
22,74	0,8513	70,18	0,04277
24,10	0,8350	71,83	0,03308
25,56	0,8164	72,54	0,02900
26,41	0,8048	73,31	0,02496
26,79	0,8000	73,93	0,02200
27,02	0,7964	74,64	0,01911
28,18	0,7797	75,18	0,01700
29,56	0,7586	75,84	0,01473
30,14	0,7500	76,93	0,01149
31,64	0,7250	77,93	0,00900
32,90	0,7032	78,84	0,00713
33,09	0,7000	79,69	0,00576
34,85	0,6679	80,47	0,00468
35,80	0,6500	81,19	0,00382
36,39	0,6379	81,86	0,00316
37,05	0,6259	82,48	0,00263
38,35	0,6000	83,06	0,00220
40,71	0,5508	83,61	0,00186
40,75	0,5500	84,12	0,00159
43,10	0,5000	84,60	0,00136
43,97	0,4814	85,05	0,00117
45,41	0,4500	85,48	0,00101

STOKES und ROBINSON [59] auf graphischem Weg eine Tabelle, in der die Schwefelsäurekonzentrationen in Aktivitätsintervallen von $a_w = 0,05$ im Gebiet von $a_w = 0,05$ bis 0,95 angegeben sind. Das Gebiet hoher Wasseraktivitäten zwischen $a_w = 0,780$ und 0,999 wurde von SHEFFER und JANIS [60] durch Aufnahme von 21 Werten untersucht.

Die Berechnung von Wasseraktivitäten aus thermodynamischen Zustandsgrößen findet man bei GIAUQUE und Mitarbeitern [61]. Die Übereinstimmung mit den experimentellen Werten von SHANKMAN und GORDON einerseits sowie GLUECKAUF und KITT andererseits ist ausgezeichnet.

Aus dem Vergleich aller Daten ergibt sich, daß die Aktivität des Wassers von Schwefelsäure-Wasser-Mischungen im Gebiet von $a_w = 0,05$ bis 0,75 auf $\pm$ 0,0005 Aktivitätseinheiten und im Gebiet von $a_w = 0,75$ bis 1,00 auf $\pm$ 0,0002 Einheiten sichergestellt ist.

Tabelle 13. *Zusammenhang zwischen Dichte und Konzentration von wäßrigen Schwefelsäurelösungen bei $t = 25\ °C$*

H_2SO_4-%	ϱ	H_2SO_4-%	ϱ	H_2SO_4-%	ϱ
1	1,0038	30	1,2150	59	1,4832
2	1,0104	31	1,2232	60	1,4940
3	1,0169	32	1,2314	61	1,5048
4	1,0234	33	1,2396	62	1,5157
5	1,0300	34	1,2479	63	1,5267
6	1,0367	35	1,2563	64	1,5378
7	1,0434	36	1,2647	65	1,5490
8	1,0502	37	1,2732	66	1,5602
9	1,0571	38	1,2818	67	1,5715
10	1,0640	39	1,2904	68	1,5829
11	1,0710	40	1,2991	69	1,5944
12	1,0780	41	1,3079	70	1,6059
13	1,0851	42	1,3167	71	1,6175
14	1,0922	43	1,3256	72	1,6292
15	1,0994	44	1,3346	73	1,6409
16	1,1067	45	1,3437	74	1,6526
17	1,1141	46	1,3530	75	1,6644
18	1,1215	47	1,3624	76	1,6761
19	1,1290	48	1,3719	77	1,6878
20	1,1365	49	1,3814	78	1,6994
21	1,1441	50	1,3911	79	1,7108
22	1,1517	51	1,4009	80	1,7221
23	1,1594	52	1,4109	81	1,7331
24	1,1672	53	1,4209	82	1,7437
25	1,1750	54	1,4310	83	1,7540
26	1,1829	55	1,4412	84	1,7639
27	1,1909	56	1,4516	85	1,7732
28	1,1989	57	1,4621	86	1,7818
29	1,2069	58	1,4726		

Aus den obenerwähnten Literaturwerten wurde die Tab. 12 zusammengestellt. Die relativen Dampfdrücke sind in so engen Intervallen angegeben, daß zwischen benachbarten Wertepaaren eine lineare Interpolation möglich ist. Dasselbe gilt für die Tabelle 13, welche die Dichte der wäßrigen Schwefelsäurelösungen in Abhängigkeit der Konzentration enthält. Diese Tabelle wurde den International Critical Tables [62] entnommen.

Der Dampfdruck des Wassers über wäßrigen Schwefelsäurelösungen bei höheren Temperaturen wurde von COLLINS [11] bestimmt und findet sich in Tabelle 14. Die Werte der Wasserdampfdrücke von 10–25 prozentigen und 70 prozentigen Schwefelsäuren dürften auf 1 %, diejenigen von 30–65 prozentiger Schwefelsäuren auf 0,3 % des angegebenen Wertes genau sein. Der Teildruck der Schwefelsäure ist in diesen Lösungen vernachlässigbar.

Tabelle 14. *Prozentualer relativer Dampfdruck des Wassers über Schwefelsäurelösungen bei verschiedenen Temperaturen*

Temp.	H_2SO_4-Gewichtsprozent											
°C	10	20	25	30	35	40	45	50	55	60	65	70
20	95,6	88,0	82,4	75,0	66,0	56,1	45,6	35,2	25,3	16,1	9,2	3,4
25	95,6	88,0	82,5	75,2	66,3	56,5	46,1	35,7	25,8	16,6	9,7	3,7
30	95,6	88,0	82,6	75,4	66,6	56,9	46,6	36,2	26,3	17,1	10,1	4,1
35	95,6	88,1	82,8	75,6	66,9	57,3	47,1	36,8	26,8	17,5	10‘5	4,4
40	95,6	88,1	82,9	75,8	67,3	57,7	47,5	37,3	27,4	18,0	11,0	4,8
45	95,6	88,2	83,0	76,0	67,6	58,1	48,0	37,8	27,9	18,5	11,4	5,1
50	95,6	88,2	83,1	76,2	67,9	58,5	48,5	38,3	28,5	19,0	11,8	5,4
55	95,6	88,3	83,2	76,4	68,2	58,9	48,9	38,9	29,0	19,5	12,3	5,8
60	95,6	88,3	83,3	76,6	68,5	59,3	49,4	39,4	29,6	20,0	12,7	6,2
65	95,6	88,4	83,4	76,8	68,8	59,7	49,9	39,9	30,1	20,4	13,1	6,5
70	95,6	88,4	83,5	77,0	69,1	60,1	50,4	40,5	30,6	20,9	13,5	6,8
75	95,6	88,5	83,6	77,2	69,5	60,5	50,8	41,0	31,1	21,4	14,0	7,2
80	95,6	88,5	83,8	77,4	69,8	60,9	51,3	41,5	31,7	21,9	14,4	7,5
85	95,6	88,6	83,9	77,6	70,1	61,3	51,7	42,1	32,2	22,4	14,8	7,8
90	95,6	88,6	84,0	77,8	70,4	61,7	52,2	42,6	32,7	22,8	15,2	8,2
95	95,6	88,7	84,1	78,0	70,7	62,2	52,7	43,1	33,3	23,3	15,7	8,5
100	95,6	88,7	84,2	78,2	71,0	62,6	53,1	43,6	33,8	23,8	16,1	8,9
105	95,6	88,8	84,3	78,4	71,3	63,1	53,6	44,2	34,3	24,3	16,5	9,3
110	95,6	88,8	84,4	78,6	71,7	63,4	54,1	44,7	34,9	24,8	17,0	9,6
115	95,6	88,8	84,6	78,8	72,0	63,8	54,5	45,2	35,4	25,2	17,4	9,9
120	95,6	88,9	84,7‘	79,0	72,3	64,2	55,0	45,7	35,9	25,7	17,8	10,3
125	95,6	88,9	84,8	79,2	72,6	64,6	55,5	46,3	36,5	26,2	18,3	10,6
130	95,6	89,0	84,9	79,4	72,9	65,0	55,9	46,8	37,0	26,7	18,7	11,0
135	95,6	89,0	85,0	79,6	73,2	65,4	56,4	47,3	37,5	27,1	19,1	11,3
140	95,6	89,1	85,1	79,8	73,5	65,8	56,8	47,8	38,1	27,6	19,5	11,7
145	95,6	89,1	85,2	80,0	73,8	66,2	57,3	48,3	38,6	28,1	19,9	12,0
150	95,6	89,2	85,3	80,2	74,2	66,6	57,8	48,8	39,1	28,6	20,4	12,4

Die Drücke bei höheren Temperaturen und Schwefelsäurekonzentrationen sind aus den Werten der Tabelle berechenbar. Die Genauigkeit solcher Extrapolationen ist jedoch klein.

b) Sonstige Elektrolyte

ROBINSON, STOKES und andere haben den Wasserdampfdruck bei $t = 25\ °C$ über vielen Elektrolytlösungen in Abhängigkeit der Konzentration bestimmt. Die wichtigsten Arbeiten aus diesen Untersuchungen sind in der Tabelle 15 mit den entsprechenden Aktivitätsbereichen zusammengestellt.

Tabelle 15. *Zusammenstellung über   Angaben der Aktivität des Wassers in wäßrigen Elektrolytlösungen bei $t = 25\ °C$*

Elektrolyt	Bereich der Wasseraktivität	Anzahl Punkte	Literatur
NaCl	0,760 — 0,997	35	[63]
NaCl	0,810 — 0,995	16	[64]
NaCl	0,753 — 0,921	15	[65]
NaCl	0,793 — 0,999	17	[60]
NaOH	0,100 — 0,950	18	[59]
$CaCl_2$	0,300 — 0,950	14	[59]
$CaCl_2$	0,165 — 0,995	32	[64]
$MgCl_2$	0,310 — 0,995	20	[66]
KCl	0,840 — 0,997	29	[63]
LiCl	0,110 — 0,997	51	[67]

In vielen anderen wäßrigen Elektrolytlösungen sind die osmotischen Koeffizienten Φ bei $t = 25\ °C$ bekannt, aus denen die Wasseraktivitäten a_w nach der folgenden Gleichung leicht berechnet werden können

$$\Phi = -(55{,}51/vm)\ \ln a_w. \tag{26}$$

m ist die Molalität der Lösung in gmol auf 1000 g Wasser (engl. molality) und v die Zahl der Ionen pro Molekül des Elektrolyten. Eine Umformung der Gl. 26 gibt die zur Berechnung von a_w geeignete Beziehung

$$\log_{10} a_w = -\ 0{,}007824\ vm\ \Phi. \tag{27}$$

Osmotische Koeffizienten vieler ein- und mehrwertiger Elektrolyte bei $t = 25\ °C$ finden sich in Arbeiten von ROBINSON und HARNED [68], von STOKES [69] und von ROBINSON und STOKES [70].

c) Lösungen für hohe relative Wasserdampfdrücke

Zur Einstellung des relativen Dampfdruckes in der Nähe von $p/p_0 = 1$ werden oft Nichtelektrolyte benutzt, die dem Raoultschen Gesetz in einem breiteren Konzentrationsbereich folgen als die Elektrolyte. Der relative Dampfdruck in verdünnten Lösungen ist nach Gl. 28 gleich dem Molenbruch N des Wassers

$$\frac{p}{p_o} = N. \tag{28}$$

Der Molenbruch läßt sich leicht in Molalität umrechnen, und die Tab. 16 zeigt den Zusammenhang zwischen diesen beiden Größen bei großen Verdünnungen.

Tabelle 16. *Zusammenhang zwischen Molalität und Molenbruch von verdünnten wäßrigen Lösungen*

m (gmol/1000 g H_2O)	N	m (gmol/1000 g H_2O	N
0,1	0,9982	0,6	0,9893
0,2	0,9964	0,7	0,9875
0,3	0,9946	0,8	0,9858
0,4	0,9928	0,9	0,9840
0,5	0,9910	1,0	0,9823

An Hand der von SCOTT [71] experimentell ermittelten Werte kann die Abweichung des relativen Dampfdruckes vom Molenbruch in wäßrigen Lösungen von Saccharose und Glyzerin unterhalb von $m = 1,0$ auf weniger als 1 Einheit in der dritten Dezimalstelle geschätzt werden. Die Abweichungen nehmen jedoch gegen höhere Konzentrationen rasch zu. Demzufolge werden solche Lösungen nur bei hohen relativen Dampfdrükken verwendet, wie z. B. Mannit überhalb von $p/p_o = 0,985$ [72] und Saccharose überhalb von $p/p_o = 0,980$ [73].

3.1.1.1.2. Gesättigte Lösungen

Die Tabellen 17–20 enthalten die neueren Angaben der Literatur über Dampfdruck des Wassers von gesättigten Salzlösungen bei verschiedenen Temperaturen. Weitere Daten finden sich in den Arbeiten von WINK und SEARS [74] und ROCKLAND [75].

Tabelle 17. *Aktivität des Wassers in gesättigten Lösungen von 17 Elektrolyten bei $t = 25\ ^\circ C$ [59]*

Feste Phase	a_W	Feste Phase	a_W
$K_2Cr_2O_7$	0,9800	$NaBr \cdot 2 H_2O$**	0,577
KNO_3	0,9248	$Mg(NO_3)_2 \cdot 6 H_2O$	0,5286
$BaCl_2 \cdot 2 H_2O$	0,9019	$LiNO_3 \cdot 3 H_2O$	0,4706
KCl	0,8426	$K_2CO_3 \cdot 2 H_2O$	0,4276
KBr	0,8071	$MgCl_2 \cdot 6 H_2O$	0,3300
$NaCl$	0,7528	$K(C_2H_3O_2) \cdot 1,5 H_2O$	0,2245
$NaNO_3$	0,7379	$LiCl \cdot H_2O$	0,1105
$SrCl_2 \cdot 6 H_2O$	0,7083	$NaOH \cdot H_2O$	0,0703
NH_4NO_3 *	0,6183		

* Lit. [76]   ** Letzte Stelle fehlt infolge Druckfehler in Originalarbeit.

Tabelle 18. *Relative Luftfeuchtigkeit von 40 gesättigten Salzlösungen bei $t = 25\,°C$ und im Bereich von $\varphi = 7-60\%$ [77]*

Salz	φ	Salz	φ
Lithiumbromid	7,2	Manganbromid	34,6
Zinkbromid	8,6	Natriumrhodanid	35,7
Calciumjodid *	11,4	Calciumpermanganat	37,4
Lithiumrhodanid *	12,5	Natriumjodid	38,4
Ethanolaminsulfat	12,6	Eisen-II-Bromid	39,1
Calciumbromid	16,5	Kobaltbromid	41,3
Calciumrhodanid *	17,6	Chromichlorid	42,7
Lithiumjodid *	18,0	Bariumjodid	42,9
Zinkjodid *	19,8	Kaliumcarbonat	43,1
Calcium-Zink-Chlorid	20,2	Dikalium-Hydrophosphat	44,6
Kaliumformiat	21,3	Cer-III-Chlorid	45,7
Kaliumacetat	22,7	Kaliumrhodanid	46,6
Nickelbromid	27,1	Lanthanchlorid	47,0
Magnesiumjodid *	27,1	Magnesiumrhodanid	47,7
Calciumchlorid	28,8	Kaliumpyrophosphat	49,5
Kaliumfluorid	30,5	Zinkpermanganat	51,2
Magnesiumbromid	31,8	Natriumbichromat	53,6
Strontiumrhodanid *	31,9	Bariumrhodanid	54,7
Magnesiumchlorid	32,4	Eisen-II-Chlorid	55,9
Strontiumjodid *	33,2	Strontiumbromid	58,3

* Lichtempfindliche Salze

Tabelle 19. *Prozentuale relative Luftfeuchtigkeit von 8 gesättigten Salzlösungen zwischen $t = 0-50\,°C$ und $\varphi = 11-99\%$ [78]*

°C	$LiCl \cdot H_2O$	$MgCl_2 \cdot 6\,H_2O$	$Na_2Cr_2O_7 \cdot 2\,H_2O$	$Mg(NO_3)_2 \cdot 6\,H_2O$	$NaCl$	$(NH_4)_2SO_4$	KNO_3	K_2SO_4
0	14,7	35,0	60,6	60,6	74,9	83,7	97,6	99,1
5	14,0	34,6	59,3	59,2	75,1	82,6	96,6	98,4
10	13,3	34,2	57,9	57,8	75,2	81,7	95,5	97,9
15	12,8	33,9	56,6	56,3	75,3	81,1	94,4	97,5
20	12,4	33,6	55,2	54,9	75,5	80,6	93,2	97,2
25	12,0	33,2	53,8	53,4	75,8	80,3	92,0	96,9
30	11,8	32,8	52,5	52,0	75,6	80,0	90,7	96,6
35	11,7	32,5	51,2	50,6	75,5	79,8	89,3	96,4
40	11,6	32,1	49,8	49,2	75,4	79,6	87,9	96,2
45	11,5	31,8	48,5	47,7	75,1	79,3	86,5	96,0
50	11,4	31,4	47,1	46,3	74,7	79,1	85,0	95,8

Tabelle 20. *Relative Luftfeuchtigkeit von 11 gesättigten Salzlösungen zwischen t = 15−90 °C und φ = 25−80% [79]*

Temp. °C	φ %	Temp. °C	φ %
NaCl		**KCl**	
15,5	75,9	20,2	85,0
20,7	75,7	30,3	84,5
30,2	74,9	40,0	81,7
40,0	74,7	50,0	81,2
50,0	74,9	60,0	80,7
60,0	74,9	70,0	80,0
70,0	75,1	80,0	79,5
80,0	76,4	90,0	78,3
$NaBr \cdot 2H_2O \to NaBr$ 50,6 °C		**KBr**	
20,3	58,0	40,0	79,6
40,9	52,4	50,0	79,2
50,0	49,7	60,0	79,0
60,0	49,9	70,0	79,2
70,0	50,7	80,0	79,3
80,0	50,9		
$NaJ \cdot 2H_2O \to NaJ$ 68,1 °C		**KJ**	
30,2	36,4	40,0	66,8
40,0	32,3	50,0	65,0
50,0	28,4	60,0	63,1
60,0	25,3	70,0	61,7
70,0	22,6	80,0	60,8
80,0	23,2	90,0	60,4
90,0	23,5		
$NaNO_2$		$Na_2Cr_2O_7 \cdot 2H_2O \to Na_2Cr_2O_7$ 74,8 °C	
30,1	63,0	30,0	54,2
40,0	61,5	40,0	53,6
50,0	59,8	50,0	54,4
60,0	59,3	60,0	55,2
70,0	58,9	80,0	56,0
$NaNO_3$		**CrO_3**	
30,0	72,8	15,0	45,4
40,0	75,5	30,0	44,6
50,0	68,7	40,0	45,0
60,0	67,5	50,0	45,4
70,0	65,7	60,0	45,8
80,0	65,5	70,0	46,3
90,0	65,0		
$Na_2CrO_4 \cdot 4H_2O \to$ $\to Na_2CrO_4$ 64,8 °C		$Na_2CrO_4 \cdot 4H_2O \to$ $\to Na_2CrO_4$ 64,8 °C	
30,2	64,6	70,0	54,7
40,0	61,8	80,0	56,2
50,0	58,8	90,0	57,6
60,0	55,6		

3.1.1.1.3. Berechnung des Dampfdruckes von Lösungen durch Inter- und Extrapolation

Sind relative Wasserdampfdrücke oder verwandte Größen von Lösungen für mehrere Konzentrationen bei konstanter Temperatur oder für mehrere Temperaturen bei konstanter Zusammensetzung bekannt, so kann für zwischenliegende Werte graphisch oder analytisch interpoliert werden. Für Extrapolationen kommt eine der drei folgenden Methoden in Frage.

a) Nach LEWIS *und* RANDALL

Bei dieser Methode wird streng thermodynamisch verfahren. Man geht von der fundamentalen Abhängigkeit der Aktivität einer Komponente eines Stoffgemisches von der Temperatur aus [2, S. 349]

$$\frac{d\,(\ln a)}{dT} = -\frac{\overline{L}}{RT^2}. \tag{29}$$

$\overline{L}$ ist die partielle molare relative Enthalpie der betreffenden Komponente. Die integrierte Form in dekadischen Logarithmen ausgedrückt lautet

$$\log a_1'' - \log a_1' = \overline{x} = -\frac{1}{2{,}303\,R} \int\limits_{T'}^{T''} \frac{\overline{L}_1}{T^2}\,dT. \tag{30}$$

Darin sind a_1'' und a_1' die Aktivität der 1-ten Komponente bei den absoluten Temperaturen von T'' und T'. Um die Integration durchführen zu können, wird $\overline{L}$ als lineare Funktion der Temperatur angenommen

$$\overline{L}_{1(T)} = \overline{L}_{1(T'')} + (\overline{c}_{p_1} - c_{p_1})\,(T - T''). \tag{31}$$

In Gl. 31 ist $\overline{c}_{p_1}$ die partielle molare Wärme der 1-ten Komponente bei konstantem Druck und c_{p_1} dieselbe Größe in reinem Zustand. Mit dieser Funktion ergibt sich das obige Integral zu

$$\overline{x} = -\overline{L}_{1(T'')} \frac{T'' - T'}{2{,}303\,R\,T''\,T'} +$$

$$+ (\overline{c}_{p_1} - c_{p_1}) \left(T'' \frac{T'' - T'}{2{,}303\,T''\,T'} - \frac{1}{R} \log \frac{T''}{T'} \right). \tag{32}$$

Bei der Benützung dieser Formel für mehrere Konzentrationen ist es ratsam, die beiden Größen

$$y = \frac{T'' - T'}{2{,}303\,T''\,T'} \tag{33}$$

und

$$z = T''\,y - \frac{1}{R} \log \frac{T''}{T'} \tag{34}$$

für das betreffende Temperaturintervall im voraus zu berechnen und die Rechnungen an Hand der vereinfachten Form der Gl. 32

$$\log a_1'' - \log a_1' = \bar{x} = -\overline{L}_{1(T'')}\, y + (\bar{c}_{p_1} - c_{p_1})\, z \qquad (35)$$

durchzuführen.

Wie ersichtlich, sind hierzu die Aktivität der *1*-ten Komponente bei jeder Konzentration für eine Temperatur, sowie ihre partielle molare relative Enthalpie, die partielle molare spezifische Wärme und die molare spezifische Wärme in reinem Zustand nötig. Man muß ferner beachten, daß die Integrationsgrenzen davon abhängig sind, ob die Umrechnung auf eine höhere oder auf eine niedrigere Temperatur erfolgt.

Die genannten thermodynamischen Zustandsgrößen für das System $H_2SO_4-H_2O$ findet man in der schon zitierten Arbeit von GIAUQUE und Mitarbeitern [*61*]. Daraus kann die Aktivität des Wassers in Schwefelsäurelösungen im Temperaturintervall von $t = 0\ °C-50\ °C$ mit einer Genauigkeit berechnet werden, die für die meisten Zwecke ausreichend ist.

b) Nach OTHMER

Die im Abschnitt 1.3.3.3. geschilderte graphische Darstellungsmethode von Sorptionsgleichgewichten nach OTHMER kann auch für Lösungen mit gutem Erfolg angewendet werden. Zur Demonstration sind die Dampfdruckkurven des Systemes $H_2SO_4-H_2O$ nach OTHMER reproduziert.

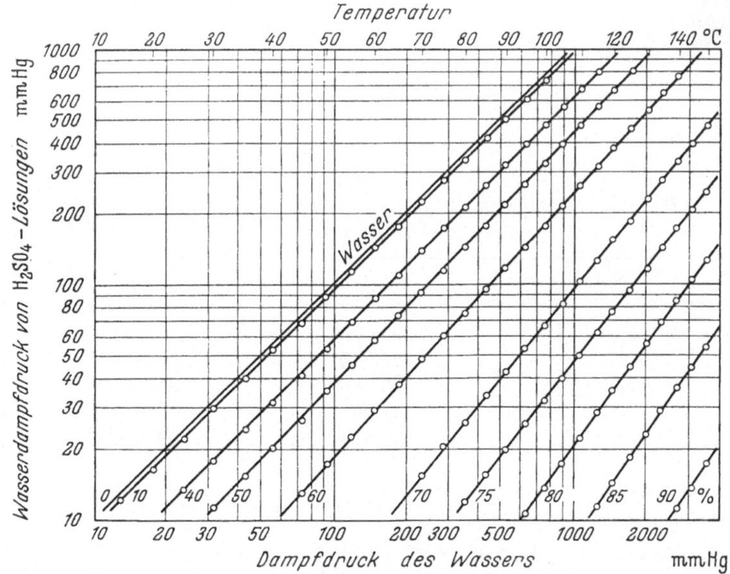

Abb. 15. Othmersches Diagramm von Schwefelsäurelösungen mit Wasser als Referenzsubstanz [*12*]

In der gleichen Arbeit findet sich ein ähnliches Diagramm für wäßrige Natriumchloridlösungen.

c) Nach der Clausius-Clapeyronschen Gleichung

Die Anwendung der Clausius-Clapeyronschen Gleichung auf Sorptionsgleichgewichte wurde im Abschnitt 1.3.3.2. erörtert. Auch die Dampfdruckkurven von Lösungen konstanter Zusammensetzung lassen sich im log p-$1/T$-Diagramm linearisieren. Die Krümmung der Kurven ist um so geringer, je besser die Voraussetzungen der Clausius-Clapeyronschen Gleichung erfüllt sind. Dazu gehört auch die Konstanz der Verdampfungswärme im betrachteten Temperaturintervall. Ähnlich wie bei der Darstellung von Sorptionsisosteren ist jedoch die OTHMERsche Darstellung wesentlich besser, so daß diese trotz der erheblichen Rechenarbeit vorzuziehen ist, falls es sich um größere Temperaturintervalle als etwa 10–20 °C handelt.

Die log p-$1/T$-Darstellung von Dampfdruckkurven gilt mit ziemlicher Genauigkeit auch für gesättigte Lösungen, obwohl sich die Löslichkeit mit der Temperatur ändert. Die Erklärung hierfür wurde von HIRSCHLER [*80*] geliefert.

An Hand dieser Beziehung wurde von DAVIS [*81*] ein Nomogramm entwickelt, welches den Dampfdruck von fünf gesättigten Alkalisalzlösungen im Bereiche zwischen $t = 0$ °C und 27 °C einfach ermitteln läßt. Als Beispiel sind in der Tab. 21 die Konstanten A und B der Gleichung (p in mm Hg)

$$\log_{10} p = -\frac{A}{T} + B \tag{36}$$

aufgeführt.

Tabelle 21. *Konstanten der Dampfdruck-Kurven von fünf gesättigten Elektrolytlösungen*

Salz	A	B
K_2SO_4	2332,5	9,1881
KCl	2258,0	8,8750
NaCl	2306,0	8,9850
CsCl	2198,5	8,5621
Na_2SO_4	2696,6	10,3630

3.1.1.2. Kristallhydrate

MILLIGAN und Mitarbeiter [*82*] haben das Hydrat $BaCl_2 \cdot 2\,H_2O$ zur Konstanthaltung des Wasserdampfdruckes in einer Sorptionsapparatur benutzt. Die gewünschten Drücke wurden durch die thermische Dissoziation des Hydrates bei höheren Temperaturen erzeugt. Die Temperaturabhängigkeit des Dampfdruckes dieser Substanz haben COLLINS und MENZIES [*83*] bestimmt. Auch die Verwendung von Kristallhydraten bei Zimmertemperatur wurde mehrfach vorgeschlagen, ist aber wegen zu langen Angleichszeiten nicht zu empfehlen.

3.1.1.3. Wasserreservoir bestimmter Temperatur

Verbindet man den Sorptionsraum mit einem Wasserbehälter, der auf einer niedrigeren Temperatur gehalten wird als das Sorbens, so stellt sich im System ein Wasserdampfdruck ein, der dem Sättigungsdruck des Wassers bei der entsprechenden tieferen Temperatur (beim Taupunkt) gleich ist. Die Tab. 22 zeigt den relativen Dampfdruck bei $t =$ 25 °C als Funktion der Temperatur des Wassers.

Tabelle 22. *Relativer Dampfdruck bei t = 25 °C als Funktion der Temperatur des Wasserreservoirs*

t °C	$\dfrac{p}{p_0}$	t °C	$\dfrac{p}{p_0}$	t °C	$\dfrac{p}{p_0}$
25	1,00000	12	0,44275	−50	0,00124
24	0,94195	10	0,38765	−60	0,000340
23	0,88685	5	0,27542	−70	0,0000817
22	0,83461	0	0,19275	−80	0,0000168
21	0,78506	− 5	0,13314	−90	0,0000029
20	0,73813	−10	0,08207		
18	0,65150	−20	0,03266		
16	0,57392	−30	0,01203		
14	0,50459	−40	0,00364		

Die Werte der Tabelle 22 unter 0 °C wurden mit dem Dampfdruck des Eises berechnet.

Der größte Vorteil dieser Art der Konstanthaltung des Wasserdampfdruckes besteht in der Möglichkeit der vollständigen Automatisierung der Apparatur sowie in der stufenlosen Einstellbarkeit des Dampfdruckes. Schnelle Gleichgewichtseinstellungen können allerdings nur in evakuierten Systemen und bei kurzen Diffusionswegen von großem Querschnitt erreicht werden. Besonders einfach ist diese Versuchsanordnung bei Messungen bei hohen Temperaturen, wobei das Wasserreservoir mit einem üblichen Thermostaten versehen werden kann und kein Kryostat notwendig ist.

Die für einen bestimmten Dampfdruck notwendige Temperatur kann wesentlich höher gelegt werden, wenn das Reservoir an Stelle von Wasser mit einer Elektrolytlösung, z. B. mit verdünnter Schwefelsäurelösung beschickt wird [*84*].

Die Einstellung eines bestimmten Wasserdampfdruckes mit einem gekühlten Reservoir wurde schon vor langer Zeit angewendet [85]. STAMM und WOODRUFF [40] haben zu ihrer Federwaage einen kombinierten Kryo-Thermostaten konstruiert, der es ermöglicht, Temperaturen zwischen $t = -8\,°C$ und $100\,°C$ einzustellen. Einen einfachen Kryostaten haben FROST und CAMPBELL [86] für diesen Zweck entwickelt, dessen Temperatur mit Hilfe von eutektischen Wasser-Salz-gemischen bzw. mit Furfurol-Ethylchloroacetat-Mischungen verschiedener Gefrierpunkte konstant gehalten werden kann.

In neuerer Zeit wird dieses Verfahren zur Erzielung bestimmter Wasserdampfdrücke von vielen Forschern benutzt. SARAKHOV [87] beschreibt einen selbstkontruierten Apparat, mit dessen Hilfe die Temperatur des Wasserreservoirs im Intervall von $t = -150\,°C$ bis $+50\,°C$ kurzfristig auf $\pm0{,}005\,°C$ genau eingestellt werden kann. Das Kernstück des Kryostaten ist ein Kupferblock, der mit einer Nickelchrom-Heizspirale umwickelt ist und eine Verlängerung nach unten besitzt, die in flüssigen Stickstoff taucht. Durch Veränderung der Berührungsfläche zwischen dem Kupferblock und dem Verbindungsstück zum Kühlmittel kann die Temperatur des Kryostaten variiert werden.

Ein kommerzieller Kryostat wurde von ISIRIKYAN und Mitarbeitern [88] zur Konstanthaltung des Wasserdampfdruckes eingesetzt. Dieser erlaubt die Einstellung der Temperatur zwischen $t = -70\,°C$ und $+25\,°C$ mit einer Genauigkeit von $\pm\,0{,}03\,°C$. Ebenfalls aus der Schule KISELEVs stammt ein Kryostat, welcher zwischen $t = -60\,°C$ und $-195\,°C$ mit einer Genauigkeit von $\pm\,1\,°C$ arbeitet [89]. Der Kryostat besteht aus einem Aluminiumblock mit zwei Bohrungen. In eine von diesen wird das Kühlmittel je nach Bedarf hineingepumpt und dort verdampfen gelassen. Der Nachschub des flüssigen Stickstoffs aus einem Kühlmittelbehälter erfolgt unter dem eigenen Druck durch ein isoliertes Syphonrohr. Der Kühlmittelbehälter ist mit einem automatischen Ventil versehen, welches mittels eines Servomotors geöffnet wird, wenn die Temperatur im Kryostaten den gewünschten Wert erreicht hat. In diesem Zustand läßt das Ventil den Stickstoff in die Atmosphäre frei verdampfen und der Kühlmittelstrom zum Kryostaten wird unterbrochen. Die Steuerung des Servomotors erfolgt durch ein Widerstandsthermometer.

In der zweiten Bohrung des Aluminiumblocks befindet sich eine Ampulle mit Eis. Die Ampulle ist mit der Sorptionsapparatur verbunden und hält den Dampfdruck konstant.

Moderne käufliche Ultrakryostaten arbeiten mit einem eingebauten Kühlaggregat und haben einen maximalen Einstellbereich von $t = -80\,°C$ bis $+\,40\,°C$ bei einer Genauigkeit von $\pm\,0{,}02\,°C$ bis $0{,}05\,°C$ je nach Temperatur.

3.1.2. Methoden mit kontinuierlicher Beobachtung der Meßgröße

Apparaturen zur Untersuchung der Sorptionseigenschaften fester Körper nach diesem Prinzip bestehen im wesentlichen aus einer Einrichtung zur Einstellung eines bestimmten Wasserdampfdruckes und einer Waage, welche die Bestimmung des Gewichtes bzw. der Gewichtsänderung der Probe erlaubt. Wie die Wasserdampfquelle mit der Waage kombiniert werden kann, zeigen einige der nachstehenden Abbildungen; weitere Beispiele sind in der zitierten Literatur enthalten.

Die Einteilung der Apparate wird im folgenden nach dem Typus der Waage und ihrer relativen Empfindlichkeit vorgenommen. Die relative Empfindlichkeit ist der Quotient des Wägefehlers zur maximalen Last. Nach diesem Gesichtspunkt unterscheidet man nach KAST [90]

1. Feinwaagen; relative Empfindlichkeit zwischen 10^{-8} und 10^{-5}.
2. Präzisionswaagen; relative Empfindlichkeit zwischen 10^{-5} und 10^{-3}.
3. technische Waagen; relative Empfindlichkeit kleiner als 10^{-3}.

Technische Waagen werden in Sorptionsuntersuchungen praktisch nie eingesetzt.

3.1.2.1. Feinwaagen

Bei Untersuchungen an Sorbentien geringer Sorptionsfähigkeit sowie im Gebiet kleiner relativer Wasserdampfdrücke, bei denen die aufgenommenen Wassermengen sehr klein sind, kommen nur Feinwaagen als Bestandteile von Sorptionsapparaturen in Frage. Solche Apparate wurden früher für das entsprechende Problem einzeln konstruiert, seit einiger Zeit befinden sich jedoch käufliche Geräte auf dem Markt. Aufbau und Handhabung solcher Instrumente stellen natürlich große Ansprüche an das Bedienungspersonal.

Der Balken und die Lagerung solcher Waagen werden fast ausschließlich aus dünnen Quarzfäden hergestellt. Über die Bearbeitung von Quarzfäden und die Bestimmung des Durchmessers geben BENEDETTI-PICHLER[91] und KIRK und CRAIG [92] ausführliche Auskünfte. Über Einzelheiten der Konstruktion und Bau von Mikrowaagen wird ferner von EL-BADRY und WILSON [93] und von BENEDETTI-PICHLER loc. cit. eingehend berichtet.

Die Feinwaagen werden im folgenden eingeteilt in

1. Torsionswaagen
2. Waagen mit elektromagnetischer Kompensation
3. Elektrowaagen.

3.1.2.1.1. Torsionswaagen

Die Theorie der Torsionswaagen wurde unter anderem von DAY [95] und BRADLEY [96] in Zusammenhang mit Adsorptionsmessungen behandelt. Bau und Wirkungsweise werden von EL-BADRY und WILSON [93] erläutert. Der Balken dieser Waagen ist an einen Torsionsfaden befestigt, welcher an einem Ende durch eine Justierschraube unverrückbar festgehalten wird. Das andere Ende ist in der Rotationsachse einer graduierten Kreisscheibe befestigt, die eine genau bestimmbare Verdrehung des Fadens ermöglicht. Die Verdrehung des Fadens, die nötig ist um den belasteten Balken in die Nullage zurückzubringen, ist der Last proportional. Der Quotient aus Verdrehungswinkel und Belastung ist ein Maß für die Empfindlichkeit solcher Waagen. Sie nimmt mit der Länge des Fadens proportional zu und mit der vierten Potenz des Fadendurchmessers ab. Die üblichen Waagen werden mit Torsionsfäden von $d =$ 12—25 μ Durchmesser konstruiert.

Die Belastbarkeit der Torsionswaagen kann durch Aufhängen des Balkens an einen Tragrahmen um etwa eine Zehnerpotenz vergrößert werden.

Torsionswaagen, die ausschließlich aus Quarzfäden konstruiert sind, können in ein beliebiges Sorptionssystem eingebaut werden und erlauben die Bestimmung von Gewichtsänderungen des Sorbens auch unter extremen Druck- und Temperaturbedingungen.

GULBRANSEN [94] beschreibt eine Wolframfaden-Torsionswaage für Adsorptionsmessungen, welche nach den gleichen Prinzipien gebaut ist.

Eine andere Torsionswaage wurde von DAY [95] speziell für Wasserdampf-Sorptionsmessungen konstruiert. Abb. 16 zeigt das Gehäuse dieser Waage mit dem Balkensystem.

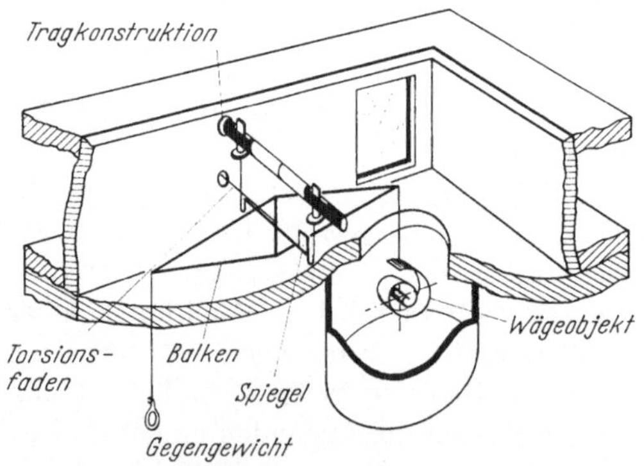

Abb. 16. Die Torsionswaage von DAY
(Mit freundlicher Genehmigung des Institute of Physics and
The Physical Society, London)

Das evakuierbare Waagegehäuse aus Messingplatten umschließt einen Raum von $15 \times 5 \times 5$ cm. In diesem befindet sich der 10 cm lange Balken, welcher aus Glasfäden konstruiert und an einen Tragrahmen aufgehängt ist. Der Balken ist an einem Quarztorsionsfaden von 12 μ Durchmesser gelagert, welcher durch Perbunandichtung nach außen geführt ist. Die Balkenlage kann durch ein Projektionssystem beobachtet werden. Die gewünschten Wasserdampf-Teildrücke werden mit Elektrolytlösungen erzeugt.

Die Waage ist mit 100 mg belastbar und zeigt eine Gewichtsänderung von 0,02 µg an, hat also eine relative Empfindlichkeit von $2 \cdot 10^{-7}$. Durch den Torsionsfaden allein lassen sich Gewichtsänderungen von 0,3 mg kompensieren.

Die Waage wurde zur Aufnahme von Sorptionsisothermen an Polystyrol, Cellulosetriacetat und Polyvinylchlorid sowie zur Untersuchung der Kinetik der Wasserdampfsorption an diesen Substanzen benutzt [97].

Der Balken der Torsionswaage von SARAKHOV [87] ist nur 1 cm lang und wird von zwei je 10 cm langen und ungefähr 25 µ dicken Quarzfäden getragen. Diese sind an der Balkenmitte angeschmolzen und am anderen Ende an einem Tragrahmen befestigt. Der eigentliche Torsionsfaden ist 15 cm lang und 15 µ im Durchmesser. Er ist am Balken am gleichen Punkt wie der eine Tragfaden angeschmolzen und ist am vorderen Ende an einer Kreisscheibe befestigt. Diese befindet sich innerhalb des Waagegehäuses und trägt eine Eisenplatte. Somit kann die Scheibe von außen mit Hilfe eines Magneten bewegt werden. Am Waagebalken ist ein kleiner Spiegel angebracht, welcher einen von außen eintretenden Lichtstrahl durch eine Prisme gegen zwei Photozellen spiegelt. Die Änderung der Lage des Balkens kann mit Hilfe einer Brückenschaltung registriert werden.

Die Waage befindet sich in einem T-förmigen vakuumdichten Glasgehäuse und ist mit einem Kryostaten und zwei Manometern verbunden. Sie ist bis zu 1 g belastbar und hat eine relative Empfindlichkeit von $6 \cdot 10^{-8}$. Die mit dem Torsionsfaden kompensierbare Belastung beträgt 2,5 mg.

Für die Messung der Wasserdampfsorption an Gold wurde eine modifizierte Form der oben beschriebenen Apparatur von etwas größerer Empfindlichkeit benutzt [98].

3.1.2.1.2. Waagen mit elektromagnetischer Kompensation

Bei diesem Wägeprinzip wird das Gewicht des zu wägenden Gegenstandes durch eine entgegengesetzte elektromagnetische Kraft kompensiert. Diese Kraft bzw. die zur Erzeugung des Feldes nötige Stromstärke ist dem zu kompensierenden Gewicht proportional. Da sehr geringe Stromstärken mit hoher Präzision gemessen werden können, eignet sich diese Methode zur Bestimmung von sehr kleinen Gewichtsänderungen. Diese Waagen haben den weiteren Vorteil, daß die Gewichtsänderungen laufend beobachtet und registriert werden können. Wird die elektromagnetische Gewichtskompensation bei einer hochempfindlichen Mikrowaage mit Quarzfadenlagerung angewendet, so entsteht ein Gerät hoher

relativer Empfindlichkeit mit großer Belastbarkeit und breitem Wäge-
bereich. Außerdem besteht auch bei diesen Waagen die Möglichkeit, die
Arbeit in völlig geschlossenem System unter sehr verschiedenen Druck-
und Temperaturverhältnissen durchzuführen.

Abb. 17 zeigt die Konstruktion der Waage von EDWARDS und
BALDWIN [*99*].

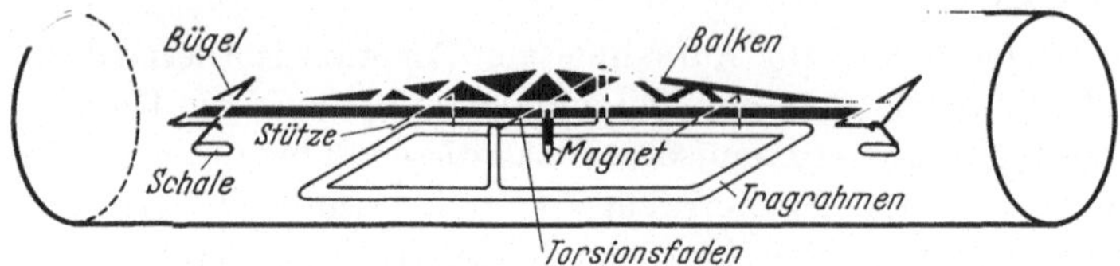

Abb. 17. Die Waage von EDWARDS und BALDWIN

(Mit freundlicher Genehmigung der American Chemical Society, Washington, D. C.)

Das Waagegehäuse ist aus einem Borosilikat-Glasrohr von 25 mm lich-
ter Weite und 12 cm Länge konstruiert. Die beiden Enden des Rohres sind
offen. Der Balken ruht auf einem Tragrahmen und ist an zwei je 1 cm
langen Quarzfäden von 10 μ Durchmesser aufgehängt. Er ist durch
Quarzstäbchen gegen extreme Auslenkungen gesichert. Die Last kann
durch Gewichte austariert werden, wonach die Rückstellung bei weiteren
Gewichtsänderungen durch elektromagnetische Kompensation erfolgt.

Der permanente Magnet ist in eine Quarzkapillare eingeschmolzen,
die im Schwerpunkt des Waagebalkens vertikal an diesen angeschmolzen
ist. Das Solenoid umgibt das Waagegehäuse und ist aus isoliertem
Kupferdraht hergestellt. Der Solenoidstrom wird mit Hilfe eines empfindlichen Potentiometers ermittelt.

Die Beobachtung der Position des Waagebalkens erfolgt mit Hilfe
eines Horizontalmikroskopes. Die Waage ist bis 150 mg belastbar und
hat eine relative Empfindlichkeit von 10^{-6}. Der Bereich der elektromagnetischen Kompensation beträgt 1,2 mg.

Diese Waage wurde unter anderem in Kombination mit einem thermostatisierten Wasserbehälter zur Aufnahme von Treppenkurven von
Kristallwasser-Gleichgewichten benutzt.

Die Waage von BOWDEN und Mitarbeitern [*100*] ist ähnlich konstruiert wie die von EDWARDS und BALDWIN. Der permanente Magnet, ein
Stab aus Mumetall, ist jedoch parallel zur Balkenachse befestigt. Die
Balkenauslenkungen werden mit einem Spiegel am Balken optisch
beobachtet. Die Waage wurde zur Aufnahme der Sorptionsisothermen
von dünnen Folien aus Gold und Platin von etwa 20 cm² Fläche benutzt.

Eine weitere Waage wurde von GREGG 1946 beschrieben [*101*] und
später zu einem registrierenden Gerät entwickelt [*102*]. Ihre letzte Form
ist in Abb. 18 schematisch wiedergegeben.

In einem horizontalen Rohr C ruhen die aus Glas konstruierten Balkenträger H und Balken R. Letzterer ist an zwei Stahlnadeln gelagert und ist gegen größere Auslenkungen gesichert. An einem Gehängefaden ist das Tauchmagnetsystem M, S und am anderen das Sorbens angebracht.

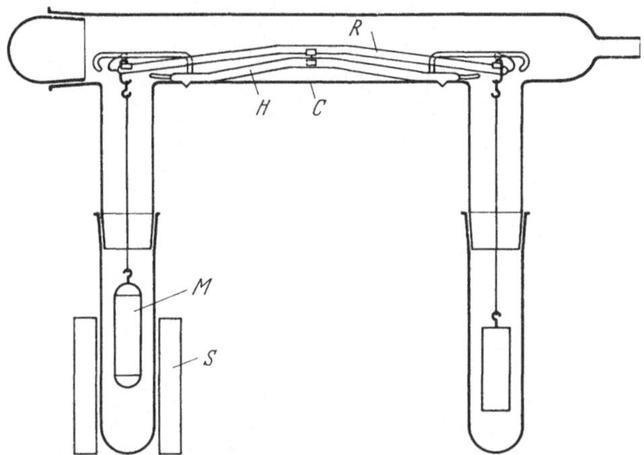

Abb. 18. Die Waage von GREGG [*103*]

Die Waage hat eine Belastbarkeit von 25 g, eine relative Empfindlichkeit von $4 \cdot 10^{-6}$ und eine elektromagnetische Kompensation von 4 g.

Eine solche Waage wurde für die Untersuchung der Wasserdampfsorption an Magnesiumoxid von RAZOUK und SALEM [*104*] benutzt. Eine sehr ähnliche Konstruktion wurde ferner von KISELEV und MUTTIK [*89*] zur Untersuchung der Sorptionseigenschaften von Silicagel angewendet.

Die Waage kann bei entsprechenden Änderungen der Konstruktion zwischen $t = -200\ °C$ und $1200\ °C$ bei beliebiger Temperatur gebraucht werden. Sie wurde 1957 von POPE [*105*] zu einem Gerät mit automatischer Nullpunkteinstellung und vergrößertem Kompensationsbereich entwickelt.

3.1.2.1.3. Elektrowaagen

In den Sorptionsuntersuchungen spielen die erst in neuester Zeit entwickelten Elektrowaagen bereits eine große Rolle.

a) Die Waage von GAST

Die erste diesbezügliche Veröffentlichung stammt von VIEWEG und GAST [*106*]. Die Waage wurde ursprünglich für die Messung der Wasserdampfdurchlässigkeit von Kunststoffmembranen gebaut und später zu einer vielseitig anwendbaren registrierenden elektrischen Mikrowaage entwickelt [*107, 108*]. Ihre Wirkungsweise wird durch die Abb. 19 erläutert.

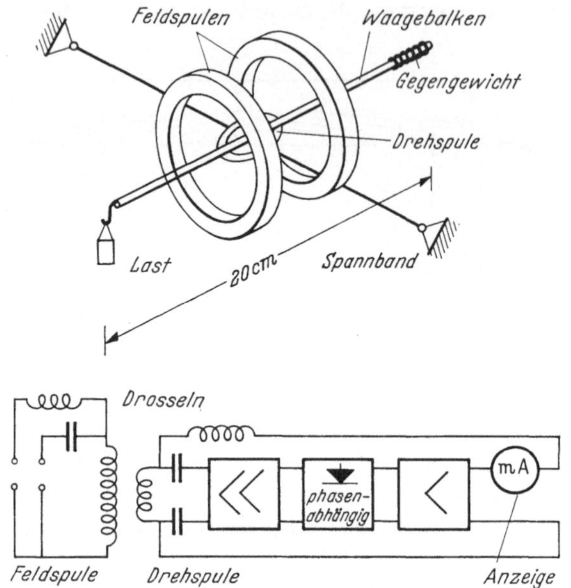

Abb. 19. Wirkungsweise und Schaltung der elektrischen Waage von GAST

Der an Spannbändern drehbar befestigte Waagebalken trägt in der Mitte eine Drehspule, am einen Ende die Last und am andern ein Gegengewicht. Die Spannbänder dienen gleichzeitig als Stromleitung für die Drehspule, die sich im Magnetfeld zweier Feldspulen befindet. Die Konstruktion ist im Prinzip ein Amperemeter mit dem Zeiger als Waagebalken.

Die äußeren Spulen werden mit einem Wechselstrom und zur Erkennung der Richtung des Drehens zusätzlich mit einem pulsierenden Gleichstrom beschickt. Bei Auslenkung des Balkens entsteht ein dem Drehwinkel proportionaler Wechselstrom in der Drehspule, der verstärkt, phasenabhängig gleichgerichtet und nach nochmaliger Verstärkung über ein Anzeigegerät in die Drehspule zurückgeführt wird. Dadurch entsteht ein Gegendrehmoment, welches die Federung des Amperemeters ersetzt. Der Balken wird nur soweit ausgelenkt, bis die induzierte Spannung das Lastmoment gerade kompensiert. Durch geeignete Konstruktion kann der Drehwinkel bei den gewöhnlichen Belastungen sehr klein gehalten werden, wodurch der im Gleichgewichtszustand auf die Spule zurückgeführte Strom der Last streng proportional ist und die Einflüsse verschiedener Fehlerquellen auf ein Minimum reduziert werden.

Der Balken befindet sich in einem mit Schliffen versehenen Gehäuse aus weitem Glasrohr. In einem vertikalen Stutzen befindet sich das Gehänge mit der Probe. Auf der anderen Seite des Balkens können die Taragewichte auf den Balken gehängt werden. Der Feinabgleich erfolgt durch Verdrillen eines der Spannbänder.

Aus der Gastschen Waage sind kommerzielle Geräte von den Sartorius-Werken, Göttingen, auch für Arbeiten im Vakuum entwickelt worden. Die Höchstlast beträgt 2 g und die relative Empfindlichkeit $5 \cdot 10^{-7}$ bei Kompensationsbereichen von 10 oder 20 mg.

Die Waage fand Anwendung in einer von SANDSTEDE und ROBENS [109] neulich entwickelten automatischen Adsorptionsapparatur, die auch mit Wasserdampf als Sorbat benutzt werden kann. Sie wurde zur Untersuchung der Wasserdampf- und Stickstoffsorption von in der Hochvakuumtechnik verwendeten Konstruktionsmaterialien eingesetzt [110]. An gleicher Stelle findet man als Kuriosität die Wasserdampf-Sorptionsisotherme eines Fingerabdruckes auf einer Metallfolie.

Die Arbeitsmöglichkeiten dieser Waage sind äußerst vielseitig: die Apparatur kann bei Drücken zwischen $P = 10^{-5}$ und 760 Torr sowie bei Temperaturen zwischen $t = -200\ °C$ und 1000 °C benutzt werden. Die Genauigkeit wurde durch Anwendung des ORRschen Prinzips (Abschnitt 3.2.2.1.3.) von der Größe des freien Volumens und von der Sorption an den Gefäßwänden und im Hahnfett unabhängig gemacht. Die Sorption kann entweder kontinuierlich oder diskontinuierlich gemessen werden. Bei der kontinuierlichen Messung kann die Sorptionsisotherme oder -Isobare durch einen Koordinatenschreiber aufgezeichnet werden, indem an der Ordinate der Meßstrom der Waage und an der Abszisse eine Größe, die mit dem Gleichgewichtsdruck verknüpft ist, angelegt wird.

b) Die Waage der Cahn *Instrument Company*

Unter dem Namen „Cahn-Electrobalance" befindet sich ein Gerät diesen Typs auf dem Markt. Diese Waage arbeitet ebenfalls nach dem Nullprinzip mit Hilfe der elektromagnetischen Kompensation. Eine genaue Beschreibung der Waage findet sich bei CAHN [111] und bei CAHN und SCHULTZ [112, 113]. Abb. 20 zeigt das Bauprinzip der Waage.

Der Balken aus dünnem Aluminiumrohr trägt in der Mitte die Spule und ist an einem Metallband aus Berillium-Kupfer-Legierung aufgehängt. Die Spule befindet sich im homogenen Feld eines permanenten Magneten. Die Auslenkung des Balkens wird von einer Photozelle registriert. Der Strom der Zelle wird verstärkt und in die Spule zurückgeführt. Dadurch wird ein der auslenkenden Kraft entgegengesetztes Drehmoment hervorgerufen, welches den Balken praktisch in die Nullage zurückbringt. Die extrem kleinen Auslenkungen des Balkens sichern den

linearen Zusammenhang zwischen Last und Spulenstrom und erlauben
die Messung von sehr kleinen Gewichtsänderungen mit hoher Präzision.
An den Schreiber wird nur ein Teil des Spulenstroms angelegt, wodurch
die Anzeigegenauigkeit erhöht werden kann. Das elektrische Filter dient
zur Ausschaltung von Vibrationseinflüssen.

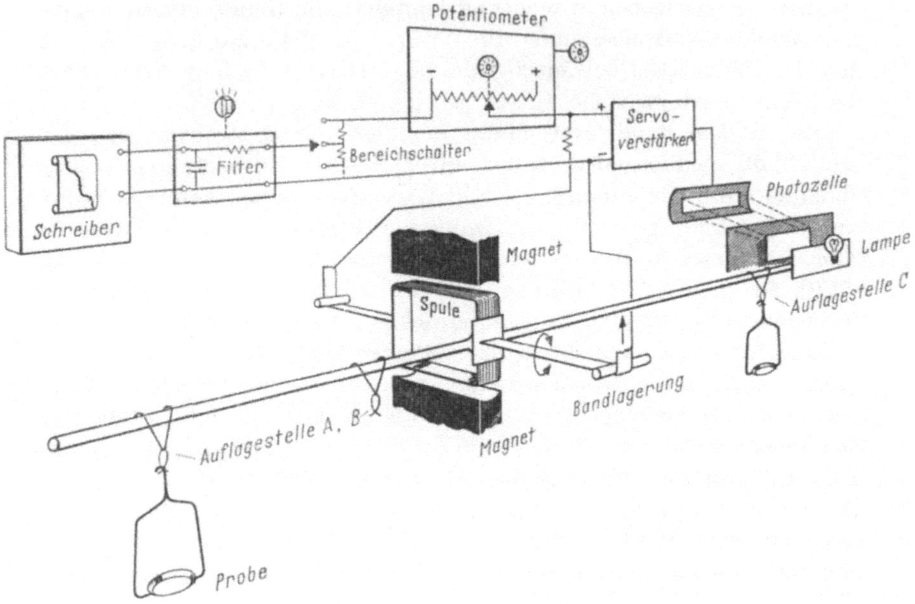

Abb. 20. Bauprinzip der Cahnschen Elektrowaage

Die Waage vom Typ RG befindet sich in einem horizontalen Glasrohr
mit drei nach unten gerichteten Stutzen für Gehänge an den Stellen A,
B und C. Da nur entweder A oder B als Anhängestelle für die Last
benutzt wird, bleibt ein Stutzen zum Anschluß einer Vorrichtung zur
Erzeugung eines bestimmten Wasserdampfdruckes frei. Die Waage befindet sich dann in derselben Atmosphäre wie das Sorbens. Sie kann bis zu
$t = 100\,°\mathrm{C}$ erhitzt werden, erträgt jede Luftfeuchtigkeit bis gegen
$\varphi = 100\%$ und funktioniert auch im Vakuum. Sie besitzt 5 elektro-
magnetisch kompensierbare Meßbereiche, die zusammen mit anderen
technischen Daten nachstehend zusammengestellt sind.

HOFER und MOHLER [*114, 115*] haben eine frühere Ausführung dieser
Waage zur Aufnahme der Sorptionsisothermen von Lebensmitteln
benutzt. Die Waage wurde ferner als ein geeignetes Instrument zu
Sorptionsmessungen im Milligrammbereich (Mikromethode) empfohlen
[*116*]. Diese Anordnung, die sich zur raschen Aufnahme von Isothermen
von feinverteilten und homogenen Materialien eignet, ist in der Abb. 21
gezeigt.

	Gehänge A	Gehänge B
Maximale Last	1 g	2,5 g
Wägebereiche	0−1 mg	0−5 mg
	0−10 mg	0−50 mg
	0−20 mg	0−100 mg
	0−100 mg	0−500 mg
	0−200 mg	0−1000 mg
Empfindlichkeit	$1 \cdot 10^{-4}$ des jeweiligen Wägebereiches	
Relative Empfindlichkeit im kleinsten Wägebereich	10^{-7}	$2 \cdot 10^{-7}$

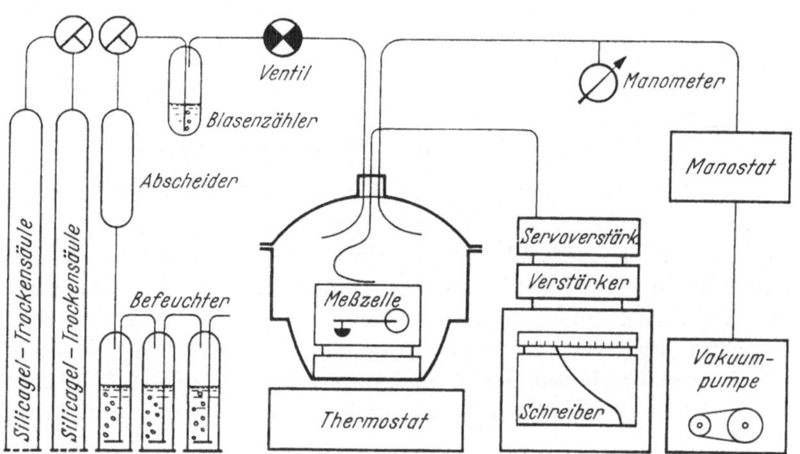

Abb. 21. Sorptionsapparatur für Messungen im Milligrammbereich

3.1.2.1.4. Die Bestimmung von Sorptionsisobaren

Wie im Abschnitt 3.1. ausgeführt wurde, ist die Aufnahme der Sorptionsisobare eine Art Thermogravimetrie bei konstant gehaltenem Wasserdampfdruck. Von den beschriebenen Waagen eignen sich die mit vertikalen Stutzen für Probe und Gegengewicht besonders gut zur Thermogravimetrie. Die Stutzen können mit einem programmgesteuerten Ofen aufgeheizt werden, ohne das Funktionieren der Waage zu stören. Wenn mit zwei Heizeinrichtungen die Probe und ein thermostabiles Gegengewicht gleichzeitig erhitzt werden, lassen sich auch differential-thermogravimetrische Arbeiten ausführen. Die elektrische Mikrowaage der Sartorius-Werke und die Cahnsche Elektrowaage wurden für solche

Untersuchungen eingesetzt, letztere beispielsweise zur Ermittlung der Dehydratationsisobare des Eisensulfat-7-Hydrates [117].

Von der Mettler AG, Stäfe, Schweiz, wird neuerdings eine registrierende Substitutionswaage mit elektrischer Gewichtskompensation für Thermogravimetrie angeboten, welche mit allen Zusatzgeräten, wie Vakuumanlage, Ofen, Meß- und Regelautomatik, ausgerüstet ist. Die Waage ist bis max. 42 g belastbar und hat eine Reproduzierbarkeit von $\pm 0,5$ mg bzw. $\pm 0,05$ mg je nach Meßbereich. Mit einer solchen Waage wurden z. B. die Hydratwassergleichgewichte des Calciumoxalat-Monohydrates im Hochvakuum und in strömender Luft untersucht [118].

3.1.2.2. Präzisionswaagen

Unter den Präzisionswaagen, die für Sorptionsmessungen gebraucht werden, stehen die Schraubenfederwaage und die gewöhnlichen analytischen Waagen an erster Stelle.

3.1.2.2.1. Die Quarz-Schraubenfederwaage

Dieses Wägeprinzip stammt von EMICH [119] und wurde für Sorptionsmessungen zuerst von McBAIN und BAKR [120] angewendet. Im Raum mit bestimmtem Wasserdampfdruck hängt das Sorbens an einer schraubenförmigen Quarzfeder, deren Längenänderung die Gewichtsänderung anzeigt und mit einem Meßmikroskop oder Kathetometer beobachtet wird. Die vielseitige Anwendbarkeit dieses Wägeverfahrens sowie die einfache Konstruktion und Handhabung der Quarzfeder erklären ihre überaus häufige Anwendung bei Wasserdampf-Sorptionsmessungen.

a) Theorie

Die Theorie der Schraubenfederwaagen wird von DELL und WHEELER [121], ERNSBERGER und DREW [122] und ERNSBERGER [123] behandelt. Das elastische Glied dieser Waage ist eine zylindrische Schraubenfeder mit kreisförmigem Querschnitt aus dünnem Quarzfaden. Die charakteristischen Größen einer solchen Feder sind die maximale Belastbarkeit und die Empfindlichkeit. Die maximale Belastbarkeit ist der dritten Potenz des Fadendurchmessers direkt und dem Windungsradius umgekehrt proportional [124, S. 408 ff.]. Sie wird bei käuflichen Federn von der Herstellerfirma garantiert. Die Empfindlichkeit kann aus der Formel der Durchbiegung der Feder abgeleitet werden, für die die Gl. 37 gilt

$$f = k_2 \frac{64\,i\,r^3}{d^4} \frac{P}{G} \tag{37}$$

worin f = Durchbiegung oder Verlängerung

k_2 = Konstante, bei kleinen Verhältnissen $d/2r$ annähernd 1

i = Windungszahl

r = Windungsradius

d = Fadendurchmesser

P = Belastung der Feder

G = Schubmodul

Die Formel ist nur bei kleinen Durchbiegungen gültig. Außerdem muß das Eigengewicht der Feder im Vergleich zu ihrer Last sehr klein sein.

Aus Gl. 37 kann eine weitere charakteristische Größe, die Federkonstante c nach Gl. 38, abgeleitet werden

$$ c = \frac{P}{f} = \frac{1}{k_2}\,\frac{d^4}{64\,ir^3}\,G\,. \tag{38} $$

Der reziproke Wert der Federkonstante ist die Verlängerung durch die Einheit der Last. Diese Größe ist ein geeignetes Maß der Empfindlichkeit einer Feder und wird in mm/mg angegeben.

Die üblichen Federn weisen eine spezifische Verlängerung von 1 bis 4 mm/mg auf. Bei 100 mg Last und einer Ablesbarkeit des Kathetometers auf 0,01 mm entspricht dies einer Empfindlichkeit von $2{,}5 \cdot 10^{-5}$. Eine Formel zur Berechnung der Dimensionen einer Feder unter Berücksichtigung des Eigengewichtes wurde von ERNSBERGER und DREW [122] aufgestellt.

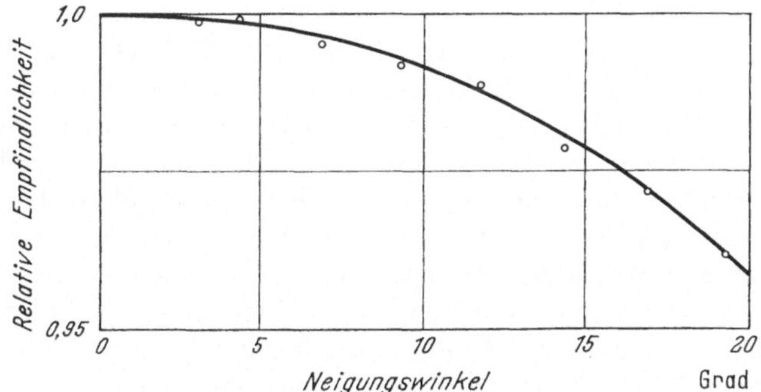

Abb. 22. Relative Empfindlichkeit von Quarzfedern als Funktion des Neigungswinkels

Die Empfindlichkeit nimmt mit zunehmender Belastung infolge der Streckung der Feder ab. Die reine Schubbeanspruchung bei kleiner Last geht mehr und mehr in eine Zugsbeanspruchung über. Der Schubmodul des Quarzglases hat den Wert von $3 \cdot 10^3$ kg/mm² und der Zugmodul $5 \cdot 10^3$ kg/mm², was die Abnahme der Empfindlichkeit bei zunehmender

Last erklärt. Abb. 22 zeigt die Empfindlichkeitsabnahme von Quarzfedern mit der Neigung der Windungen zur Horizontalen. Dieses Diagramm ist für alle Quarzfedern gültig.

Quarzfederwaagen können bei Temperaturen bis zu mehreren Hundert Graden Celsius benutzt werden. Im Gegensatz zu den meisten Substanzen nehmen die elastischen Moduli des Quarzglases mit steigender Temperatur innerhalb gewisser Temperaturgrenzen zu, wodurch die Empfindlichkeit sinkt [125]. Ein zweiter Effekt der Temperaturerhöhung besteht in der Verlängerung des Fadens, der jedoch durch die Abnahme der Empfindlichkeit überkompensiert wird. Für die Berechnung der Längenänderung als Funktion der Temperatur hat ERNSBERGER [123] eine Formel aufgestellt. Bei Federn mit Referenzstab (s. Abschnitt b) muß die Anfangslänge bei jeder Temperatur bestimmt werden, weil auch der Stab seine Länge mit der Temperatur ändert.

Bei Quarzfedern muß noch die von McBAIN und SESSIONS [126] entdeckte Eigenschaft berücksichtigt werden, sich im belasteten Zustand bei höheren relativen Wasserdampfdrücken und erhöhten Temperaturen etwas zu strecken. Dieser irreversiblen Formänderung kann durch periodische Kontrolle der Anfangslänge Rechnung getragen werden.

Außer Quarzglas wurden auch andere Konstruktionsmaterialien für Feder angewendet, wie z. B. Kupferbronze [127], Wolfram [128], Nickelchromstahl [129], Phosphorbronze [130], Kupfer-Beryllium [131] und Pyrexglas [132, 125]. Der Nachteil dieser Materialien ist die sogenannte elastische Nachwirkung [133, S. 98]. Elastische Gleichgewichte können bei Federn, die nicht aus Quarzglas hergestellt sind, erst Tage oder Wochen nach der Belastung erreicht werden. Will man die Meßdauer abkürzen, so muß der im Zeitpunkt des Ablesens noch nicht stattgefundene Restbetrag der Formänderung berücksichtigt werden. Zu diesem Problem hat GERLACH [134] einen wertvollen Beitrag veröffentlicht. MADORSKY [135] hat andererseits kürzlich das Ergebnis langjähriger Arbeiten mit einer Wolframfeder mitgeteilt, wonach sich die elastischen Nachwirkungen bei diesem Material vermeiden lassen, wenn die Feder, nachdem sie angefertigt wurde, etwa 30 Tage unter der vorgesehenen Last steht. Mit Hilfe einer Arretiervorrichtung soll die Feder auch beim Nichtgebrauch in gestrecktem Zustand gehalten werden.

b) Die Konstruktion und Arbeitsweise der Federwaagen

Die Herstellung und Handhabung von Quarzfedern wurden von KING und LAWSON [136] beschrieben. Die Federn werden meistens in vertikalen Glasrohren aufgehängt. Für diesen Zweck wurden verschiedene Hakenkonstruktionen beschrieben [137, 138]. Die Feder und die Schale müssen gegen Verdrehung an den Aufhängestellen gesichert werden, besonders wenn mehrere Federn aneinandergehängt sind.

Waageschalen werden aus Glas [*139*], Quarzglas [*140*] oder aus Gold-, Platin- und Aluminiumfolien im Gewichtsbereich von 100 bis zu wenigen Milligrammen hergestellt.

Die Bestimmung der Länge der Feder erfolgt meistens mit Hilfe eines geeigneten Kathetometers. Es wird ein gut definierter Punkt des Federsystems, wie die untere Spitze des Quarzfadens oder eine scharfe Kante der Probeschale beobachtet. Vielfach wird zu diesem Zweck ein horizontales Querstück am Gehängefaden angebracht, welches sich im Kreuzfaden des Okulars besonders scharf einstellen läßt. Die gebräuchlichsten Kathetometer haben eine Ablesbarkeit von $\pm 0,01$ mm. In einigen Fällen werden jedoch Geräte mit Empfindlichkeiten bis zu $\pm 0,001$ mm benutzt.

Die genaue Ablesung der Länge der Feder wird durch die Anwendung eines Referenzstabes im Waagegehäuse wesentlich erleichtert, wie ihn FILBY und MAASS [*141*] beschrieben. Der Stab kann aus irgendeinem Material sein, welches in der vorgesehenen Atmosphäre seine Länge behält und nicht korrodiert. Bei dieser Anordnung reduzieren sich die Ablesefehler auf ein Minimum, vor allem weil so die ganze Präzision der Feineinstellung des Kathetometers ausgenützt werden kann.

Eine praktische Ausführung des Referenzstabes wurde von RAND [*142*] veröffentlicht, s. Abb. 23.

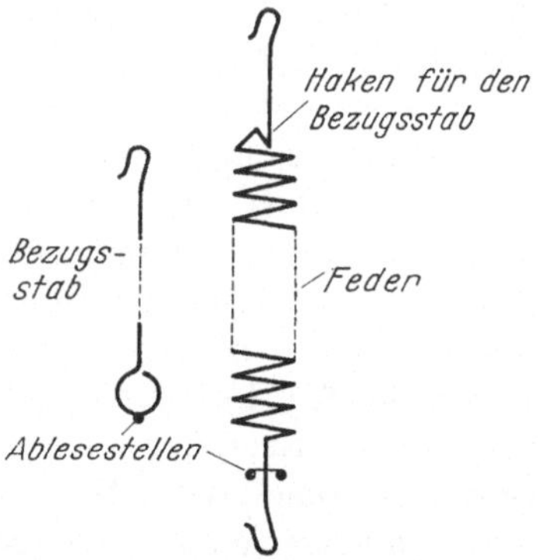

Abb. 23. Anordnung des Referenzstabes einer Federwaage

Die Eichung der Feder wird mit bekannten analytischen Gewichten bzw. Drahtstücken oder durch Eindampfen von Lösungen nichthygroskopischer Substanzen an der Waagschale vorgenommen. Die Empfindlichkeit der Quarzfeder wird durch Evakuierung nicht beeinflußt, wohl aber ihre Anfangslänge. Dieser Effekt kann am einfachsten mit Hilfe einer Eichung erfaßt werden.

Die Anforderungen bezüglich Konstanthaltung der Temperatur bei exakten Arbeiten mit Federwaagen ergeben sich aus der Temperaturabhängigkeit der spezifischen Verlängerung der Feder. Eine Feder von

1 mm/mg Empfindlichkeit bei 100 mg Last erleidet eine etwas größere als 0,001 mm Längenänderung wenn die Temperatur um 0,1 °C verändert wird. Je nach Empfindlichkeit des Kathetometers muß also die Temperatur der Feder auf $\pm 0,05$ °C bis $\pm 0,5$ °C genau konstant gehalten werden. DELL und WHEELER [121] empfehlen eine Temperaturkonstanz von 0,1 °C.

Wird die Feder in Kombination mit einem Gaszirkulationssystem verwendet, so ist es ratsam, die Strömung des Gases während der Ablesung zu unterbrechen oder durch einen Beipaß zu leiten. In solchen Fällen ist mit langdauernden Schwingungen der Feder zu rechnen.

Gegen Überlastung können die Federn leicht durch geeignete Halteringe oder Stäbchen geschützt werden [143]. Auch eine Arretiervorrichtung wurde beschrieben [127]. Eine besondere Gefährdung der Federn liegt in der plötzlichen Entlastung, wobei sie leicht aus den Aufhängehaken springen.

c) Sorptionsapparaturen mit Federwaage

Die erste Sorptionsapparatur mit Federwaage, konstruiert von McBAIN und BAKR [120], wurde vollständig evakuiert und zugeschmolzen. Eine kleine Ampulle mit dem flüssigen Sorbat wurde erst nach dem Abschmelzen im unteren Teil des Waagegehäuses aufgebrochen. Der obere Teil des Glasrohres mit der Feder befand sich in einem Thermostaten, während der Druck des Sorbates mit Hilfe eines unabhängigen zweiten Thermostaten reguliert werden konnte. Die Waage wurde später mit Schliffen versehen, damit sie leicht geöffnet und den jeweiligen Aufgaben angepaßt werden konnte. Durch Anschluß an ein Manometer und eine Wasserdampf-Dosiervorrichtung entstand eine vielseitig brauchbare, einfache Sorptionsapparatur [144, 145]. Ausführliche Beschreibungen handlicher Konstruktionen findet man außerdem bei DICKEL und HARTMANN [84], GRACE und MAASS [85], POWERS und BROWNYARD [49] und KELSEY [146]. Bei den meisten dieser Apparaturen handelt es sich um kombinierte gravimetrisch-manometrische Meßsysteme, in denen der Dampfdruck des Wassers mittels eines thermostatisierten Sorbatbehälters eingestellt und gleichzeitig auch direkt gemessen wird. Abb. 24 zeigt zwei Konstruktionen ohne Manometer.

Eine weitere Modifikation der Konstruktion einer Federwaage stellt die Apparatur von GÁL und Mitarbeitern [8] dar. Wesentlich daran ist die am Waagegehäuse seitlich angeschmolzene Bürette, die zur Dosierung einer verdünnten Schwefelsäurelösung dient. Im unteren Teil der Apparatur befindet sich anfänglich eine gewisse gewogene Menge Schwefelsäurelösung hoher Konzentration, die durch die wasserhaltige Säure aus der Bürette nach und nach verdünnt werden kann. Der Dampfdruck des Wassers kann somit in beliebigen Schritten erhöht werden.

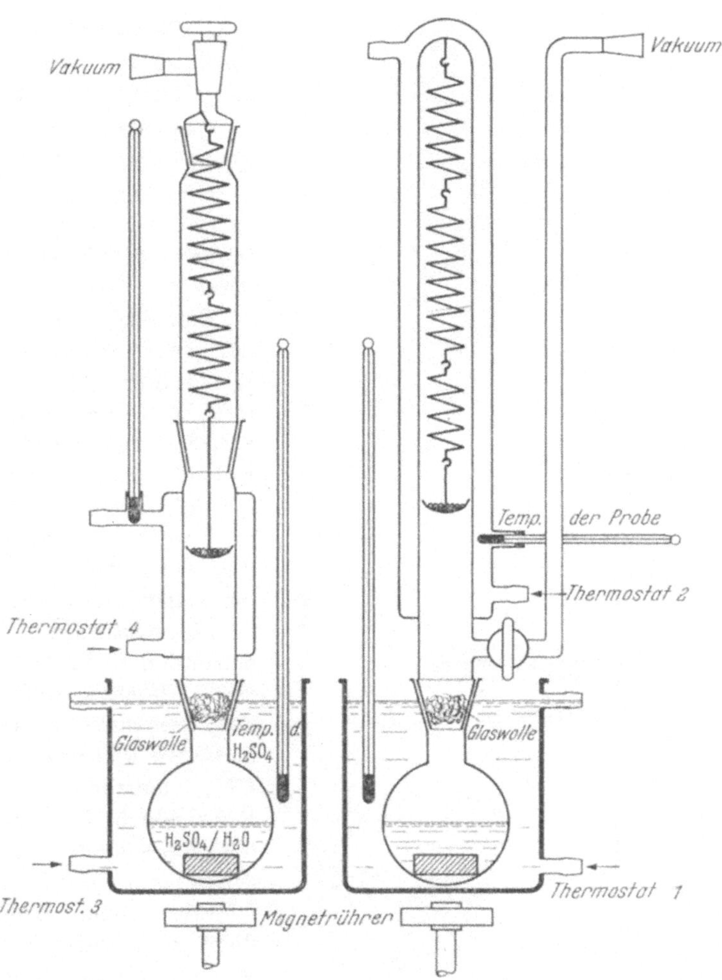

Abb. 24. Sorptionsapparaturen mit Quarzfederwaage [*84*]

Sorptionsapparate mit Federwaagen können leicht zur Untersuchung vieler Proben ausgebaut werden, wobei ein einziges Kathetometer zur Bestimmung der Lasten an allen Federn genügt. Eine solche Konstruktion mit 6 Federn wurde von STAMM und WOODRUFF [*40*] entworfen. Das Wesentliche daran ist, daß die Federn durch Drehen einer Bronzeplatte einzeln ins Sehfeld des unbewegt aufgestellten Kathetometers gebracht werden können. Eine sehr oft benutzte Apparatur mit 15 Federn wurde von MILLIGAN und Mitarbeitern [*82*] konstruiert. Bei dieser sind die Röhren mit den Federn in einer Ebene unbeweglich montiert, während das Horizontalmikroskop mit Hilfe einer Präzisions-Transport-

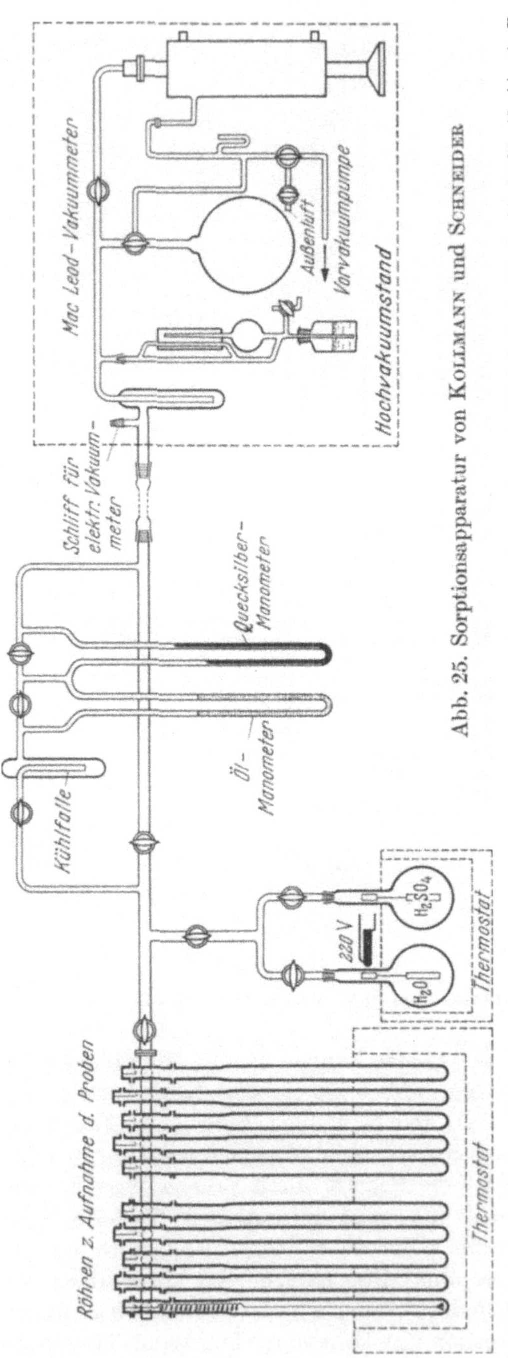

Abb. 25. Sorptionsapparatur von KOLLMANN und SCHNEIDER

schraube vor diesen bewegt werden kann. Diese Apparatur wurde unter anderem zu Sorptionsuntersuchungen an Silicagel [147] und anderen Oxiden [148] sowie in Dehydratationsuntersuchungen an Seifen [149] benutzt.

Eine ähnliche Konstruktion wurde neuerdings von KOLLMANN und SCHNEIDER [150] zur Untersuchung der Sorptionseigenschaften von Holz entwickelt. Sie wurde für die Untersuchung von 10 Proben ausgelegt. Die Apparatur ist in der Abb. 25 schematisch dargestellt.

Die Apparatur umfaßt neben den 10 Federwaagen einen Hochvakuumstand, zwei Manometer, zwei Thermostaten und zwei Gefäße mit elektromagnetischen Rührpaddeln für verschiedene Flüssigkeiten, nämlich Wasser und wäßrige Schwefelsäure. Eine Kühlfalle dient zum Ausfrieren des Wasserdampfes während der Kontrolle des Teildruckes der Luft. Die Vakuumverbindungen sind teils als Flanschverbindungen mit Gummidichtung und teils als Schliffverbindungen mit Quecksilberdichtung ausgeführt. Diese Konstruktion ist die zur Zeit bestentwickelte Sorptionsapparatur mit mehreren Quarzfederwaagen.

Bei allen bisher besprochenen Federwaagen ist das Verhältnis der absoluten Empfindlichkeit zur maximalen Last nicht wesentlich unter 10^{-5}. Eine Steigerung der Empfindlichkeit kann in gewissen Fällen erforderlich sein. BUSHUK und WINKLER [151] haben dieses Problem auf einfache Weise gelöst, s. Abb. 26.

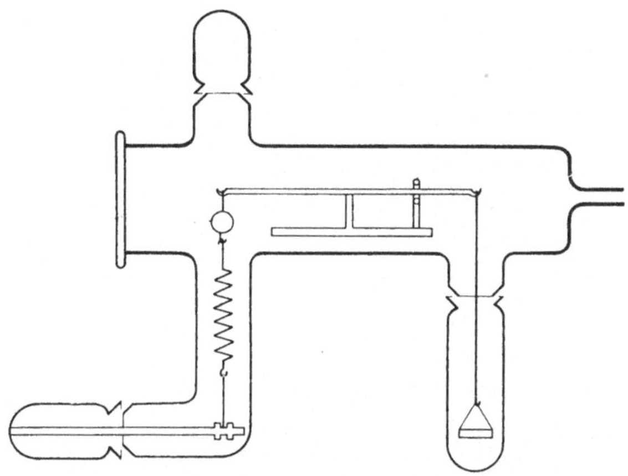

Abb. 26. Federwaage von BUSHUK und WINKLER

(Mit freundlicher Genehmigung des National Research Council of Canada, Ottawa)

Wie aus der Abb. 26 ersichtlich ist, handelt es sich um eine Federwaage, die die Last nicht direkt, sondern durch Vermittlung einer Balkenwaage trägt. Somit wird die Feder nahezu entlastet und es können Federn von kleiner Belastbarkeit bzw. großer Empfindlichkeit zur Bestimmung der kleinen Gewichtsänderungen des Sorbens benutzt werden. Die erreichbare Empfindlichkeit ist in der Publikation nicht mitgeteilt.

Eine zweite Modifikation der Quarzfederwaage zwecks Vergrößerung der relativen Empfindlichkeit wurde von KLEVENS und Mitarbeitern [88] nach einer Idee von PETERSON [152] entwickelt. Sie stellt gleichzeitig die bisher einzige registrierende Ausführung dieses Waagetyps dar. Die Apparatur ist in der Abb. 27 wiedergegeben.

Das Registriersystem arbeitet mit einem Differentialtransformator. Der bewegliche Teil ist ein an der Feder hängender ferromagnetischer Zylinder. Konzentrisch dazu ist außerhalb des Waagegehäuses ein keramischer Zylinder angebracht, auf dem sich die Primär- und zwei Sekundärwindungen befinden. Diese letzteren sind so gegeneinander geschlossen, daß die Sekundärspannung in der Nullage des Magneten gerade Null ist. In jeder anderen Position der Feder resultiert ein der Auslenkung der Waage proportionaler Sekundärstrom, der gleichgerichtet und an einen 1 mV-Schreiber angelegt ist.

Die verwendete Feder ist wenig empfindlich, so daß Probemengen bis zu 25 g untersucht werden können. Die relative Empfindlichkeit geht trotzdem bis auf 10^{-6}. Infolge der automatischen Registrierung eignet sich das Gerät auch für kinetische Untersuchungen.

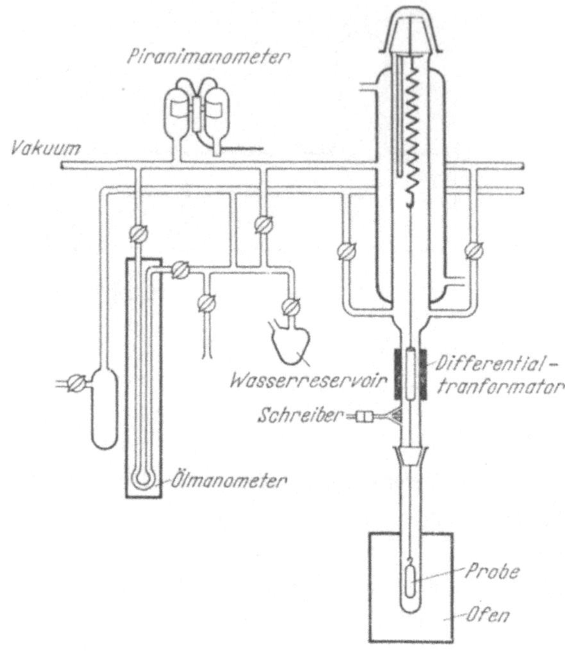

Abb. 27. Die Sorptionsapparatur von KLEVENS und Mitarbeitern

3.1.2.2.2. Analytische Waagen

Viele Sorptionsmessungen werden gravimetrisch unter Verwendung von analytischen Balkenwaagen ausgeführt. In der relativen Empfindlichkeit stehen diese den Federwaagen nahe, während ihre maximale Belastbarkeit einige Zehnerpotenzen höher liegt. Die Arbeit mit entsprechend größeren Sorbensmengen geht allerdings auf Kosten der Versuchsdauer. Auch Waagen älterer Bauart leisten bei langdauernden Sorptionsmessungen gute Dienste.

Die Wahl der Waage richtet sich nach der gewünschten Genauigkeit. Zur raschen Wägung von Kunstfaserproben von je 1 g Gewicht, bei denen infolge Inhomogenität keine größere Genauigkeit erwartet werden kann, hat z. B. WINDECK [153] eine einfache Torsionswaage mit 0,3 mg Ablesbarkeit benutzt.

Die übliche Ausführung solcher Messungen arbeitet mit Konditionierungsgefäßen, in welchen die zu untersuchenden Proben zusammen mit einer Elektrolytlösung bis zum Erreichen des Gleichgewichtszustandes in einem Thermostaten aufbewahrt werden. Solche Gefäße können einfache Weithalsflaschen sein, wie sie zuerst von HEDGES [154] benutzt wurden, oder Exsikkatoren mit zentralem Tubus [155] bzw. Glasflaschen mit Normalschliff und Reduzierstück. WINK [156, 157] konditioniert die in dünner Schicht ausgebreiteten Proben in Petrischalen. Eine moderne Ausführung der Konditionierungsgefäße stellen die von NEMITZ [158] konstruierten sogenannten Hygrostaten dar, s. Abb. 28.

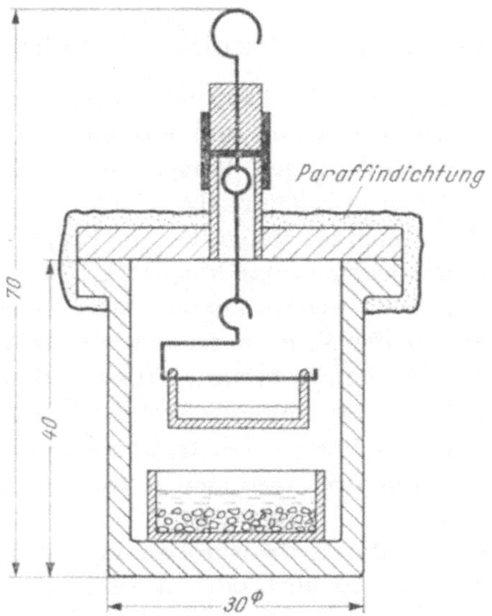

Abb. 28. „Hygrostat" von NEMITZ

Bei allen diesen Gefäßen hängt das Sorbens an einem Faden, welcher außerdem einen kleinen Stopfen trägt, der die Öffnung des Gefäßes verschließt, durch welche der Faden geführt ist. Bei der Wägung wird das Gefäß unter die Waage gestellt und die Probe mit Hilfe des Fadens an Stelle der Schale an die Waage gehängt, während der Stopfen aus der Öffnung 1—2 mm abgehoben ist. Auf diese Weise bleibt das Sorbens auch während der Wägung von der Gleichgewichtsatmosphäre umgeben. Die Waage kann auch über dem Thermostaten angebracht und mit einem langen Gehängefaden versehen sein, welcher durch ein Loch am Gehäuseboden in das Innere des Thermostaten geführt ist. So können die Konditionierungsgefäße einzeln unter die Waage gestellt und die Proben gewogen werden, ohne sie aus dem Thermostaten entfernen zu müssen.

Eine Weiterentwicklung dieses Sorptionsverfahrens liegt in der Kombination von Waagen mit Klimakammern für viele Proben, die nacheinander an die Waage gehängt werden können. KANAGY [*159*] hat eine derartige Einrichtung zur Untersuchung der Sorptionseigenschaften des Leders beschrieben. Für Arbeiten bei höheren Temperaturen eignet sich die von WIEGERINK [*160, 161*] konstruierte Klimakammer, die zur gleichzeitigen Untersuchung von 18 Textilproben verwendet wurde. Die Temperaturgrenzen betragen etwa 30 °C—140 °C, bei einer Konstanz der Temperatur von $\pm 0,2$ °C und der relativen Luftfeuchtigkeit von $\pm 1 \%$.

3.1.3. Methoden mit diskontinuierlicher Beobachtung der Meßgröße

Wenn die zu untersuchenden Proben in einer Atmosphäre bestimmten Wasserdampfdruckes aufbewahrt und während der Gleichgewichtseinstellung mit einer unabhängigen Waage periodisch gewogen werden, arbeitet man nach einer gravimetrischen Sorptionsmethode mit diskontinuierlicher Beobachtung der Meßgröße. Der Sorptionsvorgang wird bei jeder Wägung unterbrochen, so daß kinetische Untersuchungen auf diese Weise nicht durchgeführt werden können. Die Übertragung der Proben aus dem Klimaraum in die Waage kann verschiedene Fehler verursachen, die bei genauen Bestimmungen berücksichtigt werden müssen. Die sonst sehr einfache Technik dieser Methoden erklärt ihre häufige Anwendung trotz den erwähnten Nachteilen. Die meist sehr langen Angleichszeiten werden dadurch kompensiert, daß gleichzeitig viele Proben untersucht werden können.

Die Gasphase um die Sorbensproben in den Klimaräumen kann unbewegt bzw. langsam gerührt oder in einer Zwangsströmung bzw. Zirkulation gehalten werden. Diese Einteilung in statische und dynamische Systeme wurde bereits im Abschnitt 3.1.1. formuliert.

3.1.3.1. Statische Methoden

3.1.3.1.1. Wägung des Sorbensbehälters

Diese Methode ist die herkömmliche gravimetrische Methode der Adsorptionstechnik. Sie besteht darin, daß Behälter mit relativ viel Sorbens einem evakuierten Sorptionssystem angeschlossen und bis zum Erreichen des Gleichgewichtszustandes von Zeit zu Zeit gewogen werden. Die Methode ist schon lange bekannt, s. unter anderem die Arbeit von RAY und GANGULY [*162*] aus 1934. Eine der meistgebrauchten Anordnungen stammt von WIIG und JUHOLA [*163*] und wurde zur Untersuchung der Wasserdampfsorption an Aktivkohle entwickelt. Sie ist in der Abb. 29 schematisch wiedergegeben.

Die Apparatur besteht aus zwei Manometern M und N und zwei Behältern, von denen der eine, T, das Sorbens und der andere, B, reines Wasser enthält. Das Manometer M mißt den Wasserdampfdruck über dem Sorbens, während N den Sättigungsdruck bei derselben Temperatur anzeigt. A und C sind Dreiweghahne, von denen ein Weg zu einem kurzen, englumigen Kapillarrohr führt. Diese erlauben die Drosselung des Einströmens des Wasserdampfes. Die Zulassung des Wasserdampfes zum Sorbens erfolgt in kleinen Schritten durch kurzes Öffnen des Hahnes C. Die sorbierte Wassermenge wird durch Wägung des Gefäßes T mit dem Sorbens bestimmt. Die Behälter T und B befinden sich im selben Wasserthermostaten, wodurch sich die allzu genaue Konstanthaltung der Temperatur erübrigt.

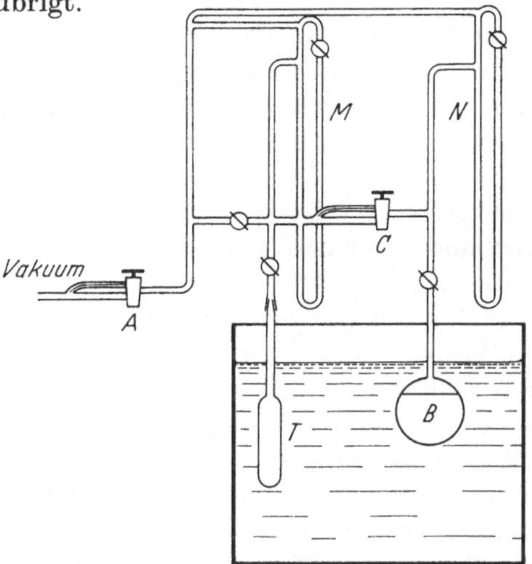

Abb. 29. Sorptionsapparatur von WIIG und JUHOLA
(Mit freundlicher Genehmigung der American Chemical Society, Washington, D. C.)

KEENAN und Mitarbeiter [164] haben eine ähnliche Apparatur zur Untersuchung der Wasserdampfsorption von Kaolinit konstruiert. Zur genauen Dosierung des Wasserdampfes wurde ein 5-l-Kolben als Druckausgleichsgefäß der Apparatur angeschlossen. Die ganze Apparatur wurde in einem einige Grade über der Versuchstemperatur gehaltenen Raum aufgestellt, um Kondensation in den Gasleitungen zu vermeiden. Zum gleichen Zweck können die Apparateteile außerhalb des Thermostaten elektrisch geheizt werden [165].

In ihren Arbeiten über die Wasserdampfsorption von Proteinen benutzten BENSON und Mitarbeiter [166] eine gravimetrische Sorptionsapparatur mit einem gekühlten Wasserreservoir als Dampfquelle. Eine weitere Apparatur mit Elektrolytlösung für die Einstellung des Wasserdampfdruckes wurde von GLEYSTEEN und KALOUSEK [167] entwickelt.

WEISER und MILLIGAN [*168*] haben eine solche Apparatur für die Aufnahme von Desorptionsisothermen an Oxidgelen benutzt. Ebenfalls zu Desorptionsuntersuchungen an festen Sorbentien dient der von PORTER [*169*] konstruierte Sorbensbehälter. Eine moderne gravimetrische Sorptionsapparatur mit Evakuierungsvorrichtung beschrieben TAYLOR und Mitarbeiter [*170*]. Erwähnenswert ist der Befund der Autoren, daß ein niedriger Teildruck der nichtkondensierbaren Gase, in den beschriebenen Versuchen etwa 5 mikron, nur durch mehrmaliges Spülen der Apparatur mit gesättigtem Wasserdampf erreicht werden kann.

3.1.3.1.2. Die isopiestische Methode

Unter den diskontinuierlich arbeitenden gravimetrischen Methoden der Wasserdampf-Sorptionsmessungen zeichnet sich diese Methode dadurch aus, daß sie den Anforderungen eines wirksamen Wärme- und Stoffaustausches unter Verwendung einfacher Mittel weitgehend gerecht wird. Der Ausdruck „isopiestisch" stammt von BOUSFIELD [*171*] und bedeutet Lösungen gleicher Wasserdampf-Teildrücke. SINCLAIR [*172*] 1933 und ROBINSON und SINCLAIR [*173*] 1934 haben die Methode in ihrer heutigen Form ausgearbeitet. Die isopiestische Methode hat sich in zahlreichen Untersuchungen als die einfachste und zuverlässigste Bestimmungsart von Aktivitäts- und osmotischen Koeffizienten von wäßrigen Elektrolytlösungen erwiesen.

Die Merkmale der isopiestischen Methode sind:

a) Optimale Wärmeleitung (Wärmekurzschluß) zwischen Sorbens und wäßriger Lösung. Die Sorptionswärme wird direkt an den Ort der Abkühlung geleitet. Somit wird zwischen Sorbens und Lösung ständig die kleinstmögliche Temperaturdifferenz und das größtmögliche Dampfdruckgefälle erhalten, wodurch sich das Sorptionsgleichgewicht in kürzester Zeit einstellt.

b) Evakuierung oder zumindest Rührung des Gasraumes, in welchem die isotherme Destillation vor sich geht.

c) Bewegung des gesamten Systems zwecks ständiger Durchmischung der wäßrigen Phasen.

d) Eine weitere, nicht immer angewendete Maßnahme ist die Schließung der Wägegläser bevor die Exsikkatoren mit Luft beschickt und geöffnet werden.

Weitere Einzelheiten der Versuchstechnik bei der Bestimmung von Sorptionsisothermen nach dieser Methode finden sich auch im nächsten Abschnitt.

Die ursprüngliche Form der Apparatur stammt von ROBINSON und SINCLAIR [*173*]. Etwa 2 ml der zu untersuchenden Lösungen werden in vier innen vergoldeten Silberschalen gegeben. Die Schalen werden in die

Vertiefungen eines 2,5 cm dicken Kupferblocks gelegt. Der Block mit den offenen Schalen befindet sich während der Messung in einem evakuierten Exsikkator, der in einem Thermostaten von $t = 25\,°\text{C}$ exzentrisch bewegt

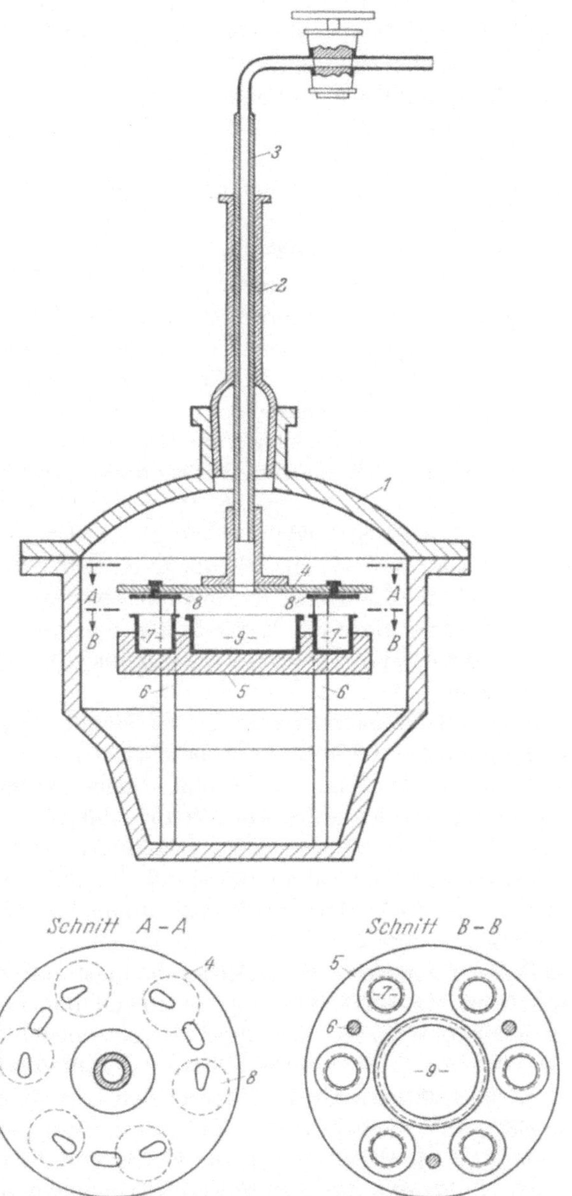

Abb. 30. Schließvorrichtung für 6 Wägegläser von ARM

wird. Der Block wird in gewissen Fällen vor dem Versuch im Kühlschrank auf $t = 0\ °C$ abgekühlt, um dadurch eine starke Luftblasenbildung und eventuelles Sieden der Lösungen bei der Evakuierung zu vermeiden [174].

Die Deckel der Schalen können durch Drehen des Schliffes am Vakuumtubus aufgelegt werden, ohne den Exsikkator öffnen zu müssen. Danach erfolgt das Einlassen von Luft in den Exsikkator, die auf den gleichen Wasserdampfteildruck vorkonditioniert wird.

Die Einstellung des Gleichgewichtes erfordert bei konzentrierten Lösungen einen, bei sehr verdünnten Lösungen etwa drei Tage. Der Fehler bei der Bestimmung der Gleichgewichtskonzentration von z. B. 0,2 molaren Elektrolytlösung beträgt 0,3 % in der Molarität. Dies entspricht einem Wasserdampfdruck von 0,0005 mm Hg.

Die Methode wurde später von einem der Autoren zur Untersuchung der Wasserdampfsorption von Proteinen angewendet [175]. Die Einwaage betrug etwa 1 g der festen Sorbentien. In einer der Schalen befand sich die Elektrolytlösung, mit welcher die Proben zum Gleichgewicht gebracht werden sollten. Neben mehreren Proben wurden auch Schwefelsäurelösungen bekannter Konzentration im Exsikkator aufbewahrt, die zur genauen Bestimmung der relativen Wasserdampfdruckes dienten.

Trotz der relativ großen Einwaage konnte der Zeitbedarf der Gleichgewichtseinstellung auf 24 Std reduziert werden. Selbst die Trocknung mit Phosphorpentoxid, die meistens sehr lange dauert, konnte in dieser Versuchsanordnung innert 4–5 Tage durchgeführt werden.

GREEN [176, 177] benutzte die Methode zur Bestimmung der Sorptionsisotherme von mehreren Proteinen und GLÜCKAUF und KITT [178] für Ionenaustauscher.

Eine praktische Schließvorrichtung für elf Metallwägegläser wurde kürzlich von ROBINSON und STOKES [174] beschrieben. Für 6 Wägegläser mit plangeschliffenen Deckeln wurde eine solche Vorrichtung von ARM [179] entwickelt. Sie ist in der Abb. 30 abgebildet.

Der Exsikkator 1 besitzt eine KPG-Lagerhülse 2 mit einem geschliffenen Glasrohr 3 für den Vakuumanschluß. Am unteren Ende dieses Rohres ist eine kreisförmige Platte aus Aluminium befestigt 4, die die Wägeschalendeckel 8 trägt.

Die Deckel können von außen durch Drehen der Platte mittels der trapezförmigen Öffnungen von den Schalen abgehoben und umgekehrt auf diese zurückgelegt werden. Während der Gleichgewichtseinstellung ruht die Platte auf drei Stützen 6. Der Messingblock 5 steht auf drei Füßen 6 und hat sechs kleine Vertiefungen für die Wägeschalen 7. In die mittlere Vertiefung kann eine größere Schale mit der Elektrolytlösung gelegt werden 9.

Eine ähnliche isopiestische Apparatur wurde von BOYD und SOLDANO [180] zur Aufnahme der Sorptionsisothermen von Ionenaustauschern entwickelt, s. Abb. 31.

Der Temperaturausgleichblock ist aus einer 5 cm dicken Kupfer-
platte angefertigt, die auf der oberen Seite hochglanzpoliert und ver-
goldet ist. Ebenfalls hochglanzpoliert sind die Silberschalen, um einen
guten Wärmekontakt zwischen den aufliegenden Flächen zu sichern.
Das Sorptionsgefäß ist ein Metallexsikkator, der mit einer Rotations-
vakuumspumpe evakuiert werden kann. Zur weiteren Beschleunigung des
Stofftransportes wird ein magnetisch angetriebenes Rührwerk in den
Gasraum eingebaut und während des Sorptionsprozesses in Bewegung
gehalten. Die ganze Apparatur befindet sich in einem 100-l-Wasser-
thermostaten, dessen Temperatur 25 $\pm$ 0,1 °C beträgt. Die Einwaage wird je nach Vernetzung des Austauschers zwischen 0,1 und
5 g variiert, und die Angleichszeiten belaufen sich dementsprechend
auf 4 Stunden bis eine Woche.

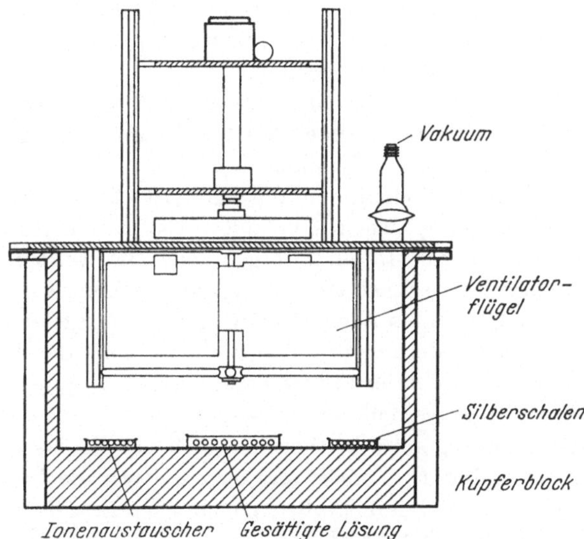

Abb. 31. Isopiestische Sorptionsapparatur von BOYD und SOLDANO

Für Arbeiten bei höheren Temperaturen wurde eine spezielle isopiestische Apparatur von SOLDANO und Mitarbeitern [181] entwickelt.
Es können darin 16 Silberschalen mit je etwa 0,3 g Substanz und eine
Schale mit gesättigter Salzlösung auf einem Kupferblock untergebracht
werden. Die Schalen befinden sich in den Löchern eines drehbaren
Gestelles und ruhen frei auf dem Kupferblock. Eine elektrische Waage
ist ebenfalls in dem Metallgehäuse eingebaut, mit welcher die Schalen
wahlweise gewogen werden können, ohne das Gefäß öffnen zu müssen.
Die ganze Apparatur ist in einem elektrisch beheizten Thermostaten

aufgestellt. Das Gerät erlaubt Sorptionsuntersuchungen bei Temperaturen bis zu $t = 150\,°\mathrm{C}$. Die Reproduzierbarkeit der Resultate ist besser als 1 % der sorbierten Wassermengen.

3.1.3.1.3. Die Exsikkator- oder Angleichsmethode

Die einfachste und nach der Quarzfederwaage am häufigsten gebrauchte Methode der Wasserdampf-Sorptionsmessungen ist die sog. Exsikkatormethode. Sie wurde schon von LAVOISIER benutzt und später in ausgedehnten Versuchen über die Sorptionseigenschaften des Silicagels von VAN BEMMELEN [182] angewendet. Sie benötigt Geräte, die zur normalen Laboratoriumsausrüstung gehören und ermöglicht die gleichzeitige Untersuchung sehr vieler Proben. Die Methode weist jedoch mehrere Fehlerquellen auf, die durch die zahlreichen Manipulationen beim Öffnen der Exsikkatoren und Wägen der Wägegläser bedingt sind und die Resultate stark beeinflussen können [183]. Außerdem muß man mit sehr langen Angleichszeiten rechnen.

Die übliche Ausführung der Methode besteht darin, die zu untersuchenden Proben in Mengen von etwa 0,1—1,0 g in Wägegläser einzuwägen und diese offen in den Exsikkator zu stellen, in dem sich unten oder in einer Schale zwischen den Wägegläsern die Lösung zur Einstellung des Wasserdampfdruckes befindet. Die Exsikkatoren werden gewöhnlich in Luftthermostaten untergebracht. Sie werden periodisch geöffnet, die Wägegläser schnell zugedeckt und gewogen. Nach Erreichen eines konstanten Gewichtes oder einer willkürlich festgelegten unteren Grenze der Gewichtsänderung pro Wägeperiode, wird der Versuch beendet. Das Trockengewicht der Proben kann vor dem Beginn der Sorption oder nachher ermittelt werden.

Bei der Aufnahme ganzer Isothermen nach der Exsikkatormethode muß wegen eventueller Hysteresis und gegenseitiger Beeinflussung berücksichtigt werden, daß nur Proben gleicher Vorgeschichte in einem Sorptionsraum aufbewahrt werden sollen.

Die Sorptionsisothermen können auf zwei verschiedene Weisen aufgenommen werden. Entweder wird eine Probe nur einer relativen Luftfeuchtigkeit ausgesetzt, oder sukzessive zunehmend befeuchtet oder getrocknet. Das erste Verfahren benötigt viel mehr Einwaagen, ist aber etwas genauer. Ein weiterer Unterschied liegt darin, daß das erste Verfahren die Wassergehalte durch sogenannte Integralsorption, das zweite durch Intervallsorption ergibt. Wie im Kapitel 4 erläutert ist, gibt es bestimmte Sorbentien, bei denen beide Sorptionsarten voneinander abweichen.

Die Gleichgewichtseinstellung benötigt bei dieser Methode viele Tage bis mehrere Wochen. Proben, die gegen bakteriellen Befall empfindlich sind, müssen besonders bei höheren relativen Dampfdrücken mit bakteriziden Stoffen geschützt werden. Zu diesem Zweck haben TAYLOR und Mitarbeiter [184] zu ihren Dextranproben etwa 5 mg Natriumpentachlorophenat zugesetzt.

Um kürzere Angleichszeiten zu erreichen, werden die Exsikkatoren oft teilweise evakuiert. Ein vollständiges Entfernen der Luft ist sehr schwierig, da beim stärkeren Evakuieren die Elektrolytlösung zum Sieden kommt und, bei pulverförmigen Materialien, Sorbensteilchen durch die expandierende Luft aus den Wägegläsern mitgerissen werden. Man begnügt sich daher mit einer Erniedrigung des Totaldruckes auf etwa 30—40 mm Hg. Eine einfache Lösung dieses Problems stellt die in der Abb. 32 gezeigte Apparatur von KANTRO und BRUNAUER [185] dar.

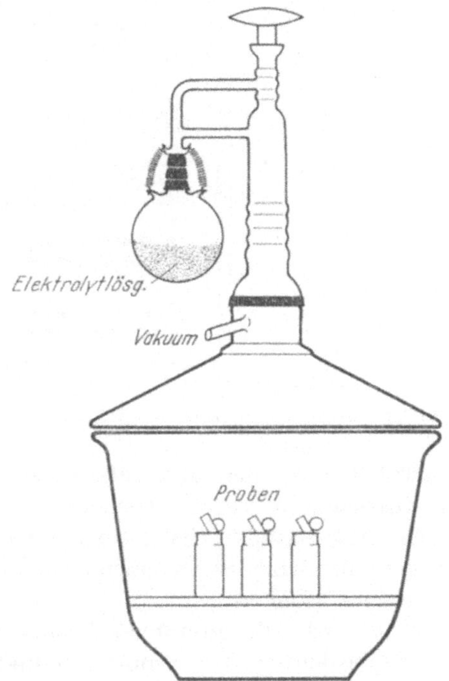

Abb. 32. Angleichsexsikkator von KANTRO und BRUNAUER
(Mit freundlicher Genehmigung der American Chemical Society, Washington, D. C.)

Die Elektrolytlösung kann hier mit einer Kältemischung eingefroren werden, während der Exsikkator auf einen beliebigen Restdruck der nichtkondensierbaren Gase evakuiert wird.

Beim Arbeiten im Vakuum müssen die Exsikkatoren vor jeder Wägung mit Luft der jeweiligen Gleichgewichtsluftfeuchtigkeit beschickt werden.

Zur Verkürzung der Angleichszeiten wird statt des Evakuierens oft der Luftraum der Exsikkatoren gerührt, welche Maßnahme jedoch die sonst einfache Apparatur viel komplizierter macht.

Das Problem der Angleichszeiten und Paralleluntersuchungen wird von Kaess [*186*] auf eine sehr einfache und zweckmäßige Weise gelöst, s. Abb. 33.

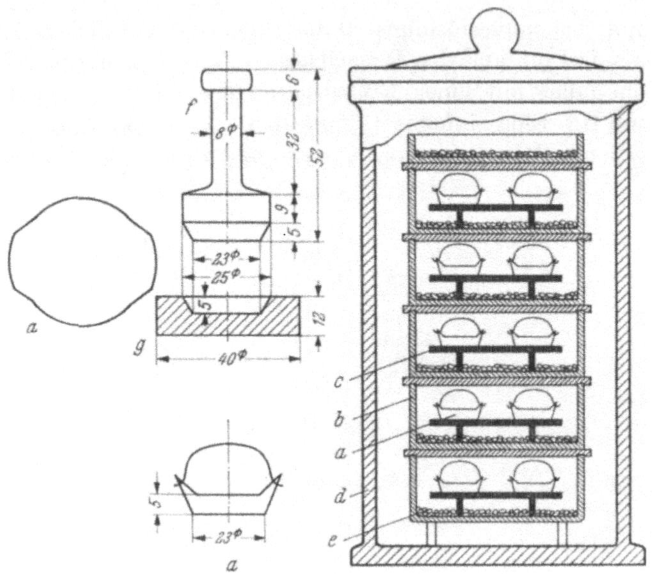

Abb. 33. Sorptionsapparatur von Kaess

Diese Methode arbeitet nach den allereinfachsten Prinzipien. In einem zylindrischen Glasgefäß *d* werden Glasschalen *b* aufeinander gelegt, in welchen sich die gesättigten Salzlösungen *e* und die Wägeschälchen *a* auf niedrigen Porzellangestellen *c* befinden. Die Rillendeckel der Schalen werden mit Fett gedichtet.

In den Wägeschälchen werden die zu untersuchenden Proben, in der zitierten Arbeit die verschiedensten Lebensmittelprodukte, in Mengen von etwa 200—250 mg in dünner Schicht ausgebreitet. Infolge der dünnen Schichten und der kurzen Diffusionswege ist die Gleichgewichtseinstellung auch bei atmosphärischem Druck nur einige Tage. Zum Schutz gegen äußere Einflüsse wird im Glaszylinder durch die obere Petrischale dieselbe Luftfeuchtigkeit wie in den einzelnen Räumen mit den Proben erzeugt.

Die Schälchen werden offen auf einer Torsionswaage rasch gewogen. Die Herstellung der Schälchen erfolgt durch Stanzen von Metallfolien der Form *a* von Abb. 33 mit Hilfe einer Preßvorrichtung *g, f*.

Dieselbe Versuchsanordnung wurde von HEISS [*187*] zur Aufnahme der Sorptionsisothermen vieler Lebensmittel und von ACKER und LÜCK [*188*] zur Untersuchung enzymatischer Reaktionen in wasserarmen Lebensmitteln gebraucht.

Die Genauigkeit der Angleichsmethode wurde in mehreren Arbeiten untersucht. Neuerdings hat GÁL [*183*] unter Berücksichtigung bzw. weitgehender Ausschaltung der möglichen Fehlerquellen mit Einwaagen von etwa 300 mg Casein im relativen Dampfdruckbereich von 0,05 bis 0,35 eine Standardabweichung von 0,04% im absoluten Wassergehalt mit 34 Freiheitsgraden festgestellt. Die Genauigkeit ist jedoch unter sonst gleichen Bedingungen eine Funktion des Gleichgewichtswassergehaltes und nimmt gegen höhere Werte im allgemeinen ab. Bei extrem niedrigen und hohen relativen Dampfdrücken ist die Genauigkeit dieser Methode relativ sehr klein.

3.1.3.2. Dynamische Methoden

Die Apparaturen für dynamische Sorptionsmessungen bestehen meistens aus einer Vorrichtung zur Konditionierung der Luft, welche in einem Klimaraum, in welchem die Sorbentien bis zum Erreichen des Gleichgewichtszustandes aufbewahrt werden, in Bewegung gehalten wird. Die Bewegung des Trägergases kann eine Zirkulation im geschlossenen System oder ein dauerndes Ansaugen und Ausstoßen in die Atmosphäre bzw. die Kombination beider Methoden sein. Außer einigen einfachen Konstruktionen gehören auch die käuflichen Klimakammer und -Prüfgeräte zu diesem Typ der Sorptionsapparaturen.

3.1.3.2.1. Luftkonditionierung mittels Elektrolytlösungen

Die einfachste Versuchsanordnung besteht aus einem geschlossenen System, in welchem die Trägerluft durch eine Elektrolytlösung und durch die Sorbensschicht in ständigem Umlauf gehalten wird. Der Vorteil dieser Methode besteht darin, daß die vollständige Gleichgewichtseinstellung mit Hilfe einer einzigen Gaswaschflasche gewährleistet ist. Eine einfache Apparatur dieser Art stammt von PARPAILLON [*189*], die in der Abb. 34 schematisch dargestellt ist.

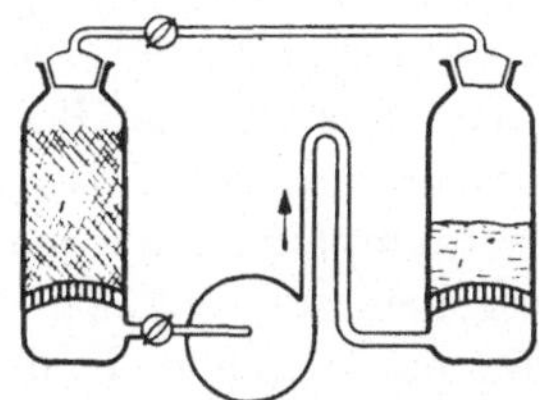

Abb. 34. Sorptionsapparatur von PARPAILLON

Mit 50 g Sorbens und etwa 400 l/Std Strömungsgeschwindigkeit konnte in diesem Apparat eine Angleichszeit von 1,5 Std erreicht werden. Eine ähnliche Apparatur wurde schon 1921 von GIERTZ-HEDSTRÖM [*190*] zur Untersuchung von Zementproben verwendet.

Diese Konstruktion wird trotz ihrer Vorteile relativ selten angewendet. Die übliche Methode, wie sie von WILSON [*191*] entwickelt wurde, benutzt eine Reihe von Gaswaschflaschen und saugt oder preßt die Luft durch die Apparatur.

Für die wirksame Stoffübertragung wurden verschiedene Absorbertypen entwickelt. Glasfrittenböden ergeben einen guten Kontakt des strömenden Gases mit der Konditionierungsflüssigkeit, verursachen aber einen hohen Strömungswiderstand und neigen bei Salzlösungen mit Bodenkörper zur Verstopfung. Eine gute Verteilung der Glasblasen wird durch Füllung der Flaschen mit Glaswolle [*192*] oder Glaskugeln bewirkt. Spezielle liegende Absorber wurden von WASHBURN und HENSE [*193*] für einen Apparat zur Bestimmung der Dampfdruckerniedrigung entwickelt, in welchen das strömende Gas über die durch Schwenken gerührte wäßrige Lösung geleitet wird und somit praktisch keinen Druckabfall erleidet. Dies ist besonders aus dem im Abschnitt 2.3.3.3. erwähnten Grund wichtig, wenn eine genaue Einstellung des relativen Dampfdruckes erwünscht ist.

In vielen Fällen wird zwischen den Luftbefeuchter und das Sorbens ein Tropfenabscheider geschaltet, wozu sich eine mit Glaswolle gefüllte Flasche eignet. Wird die Luft in die Atmosphäre ausgestoßen, so wird sie vielfach durch einen Blasenzähler nach dem Sorbens geleitet, der mit Paraffinöl gefüllt ist und gleichzeitig zur Verhinderung der Rückdiffusion des Wasserdampfes aus der Raumluft dient.

Für die Konditionierung der Luft in dynamischen Sorptionsapparaturen werden meist aus den im Abschnitt 3.1.1.1. erwähnten Gründen gesättigte Lösungen mit Bodenkörper verwendet. In diesem Fall ist die Maßnahme von guter Wirkung, die Luft vor dem Kontakt mit der Elektrolytlösung etwas stärker zu befeuchten, als dem Gleichgewicht entspricht. Der Wasserdampfüberschuß wird dann in der Elektrolytlösung abgegeben. Im Gegensatz dazu wird die Gleichgewichtsfeuchtigkeit in durchströmten Elektrolytlösungen von unter her schwerer erreicht. Die Strömung von feuchterer Luft durch eine Salzlösung mit Bodenkörper hat zudem den Vorteil, daß das Salz sich ständig etwas auflöst und damit Verstopfungen verhindert werden [*192, 194, 195*].

Ein wichtiger Aspekt der dynamischen Gleichgewichtseinstellung ist die Gleichheit der Temperatur zwischen Elektrolytlösung und Sorbens. Zwar ist der relative Wasserdampfdruck der meisten Elektrolytlösungen von der Temperatur weitgehend unabhängig (s. Tab. 20 und 21), aber bei einer Temperaturdifferenz zwischen Konditionierungssystem und Sorbens ändert sich der relative Wasserdampfdruck merklich, s. Tab. 9.

Aus diesem Grund hat HERMANS [*196*] ein Mikro-Konditionierungsgefäß konstruiert, in welchem die nahezu vollständige Temperaturkonstanz der strömenden Luft gesichert ist.

3.1.3.2.2. Mischung trockener und feuchter Luft

Durch Mischen eines absolut trockenen und eines mit Wasserdampf gesättigten Luftstromes in einem bestimmten Verhältnis kann der gewünschte Feuchtigkeitsgehalt im resultierenden Luftstrom eingestellt werden. Die technische Ausführung dieses Konditionierungsprinzips wurde schon 1942 von DAVIS und Mitarbeitern [*197*] in ihren Untersuchungen über die Sorptionseigenschaften von Tabak verwirklicht.

In der exakten Durchführung bietet dieses Verfahren jedoch einige Schwierigkeiten. Die vollständige Trocknung oder Sättigung der Luft sind nicht leicht zu erreichen und diese Zustände müssen bis zum Mischen aufrechterhalten werden. Dabei ist es zu beachten, daß Glasbestandteile an einem trockenen Luftstrom noch nach Tagen Wasserdampf abgeben können und Gummiverbindungen gegenüber Wasserdampf recht durchlässig sind. Was die gesättigte Luft betrifft, verursacht die kleinste Temperaturschwankung eine Kondensation bzw. den Rückgang des Sättigungsgrades.

a) Erzeugung eines trockenen Luftstromes

Trockene Luftströme haben zum Beispiel HAND und SHIELS [*198*] sowie WALKER und ERNST [*199*] in ihren Sorptionsuntersuchungen hergestellt. In beiden Fällen wurden dazu zwei Absorber mit konzentrierter Schwefelsäure und ein weiterer mit Phosphorpentoxid verwendet. Abfällige Säurereste wurden in einem Calciumoxidturm entfernt. Wenn zusätzliche Türme mit Natronkalk eingeschaltet wurden, so konnte ein Luftstrom hergestellt werden, der, durch ein Adsorptionsrohr mit konzentrierter Schwefelsäure geleitet, während 2 Std keine Gewichtszunahme verursacht hat [*192*], vgl. Abschnitt 3.3.2.1.

b) Erzeugung eines mit Wasserdampf gesättigten Luftstromes

Die Erzeugung eines mit Wasserdampf gesättigten Luftstromes ist eine noch schwierigere Aufgabe. GOATES und HATCH [*200*] haben dazu zweimal fünf in Serie geschaltete Gaswaschflaschen benutzt. Die ersten fünf wurden in einem Thermostaten bei 2 °C über der Versuchstemperatur gehalten. Die endgültige Sättigung bei der Versuchstemperatur erfolgte dann in den zweiten fünf Absorbern. Eine Sättigung ist nämlich wesentlich einfacher, wenn die Luft vorerst bei etwas höherer Temperatur annähernd gesättigt und dann auf die Versuchstemperatur abgekühlt wird.

Eine ausführliche Untersuchung über Wirksamkeit verschiedener Sättigungsmethoden haben VERNON und WHITBY [201] durchgeführt. An Hand dieses Befundes haben die Autoren eine eigene Sättigungsmethode ausgearbeitet. Ihre Apparatur ist in der Abb. 35 dargestellt.

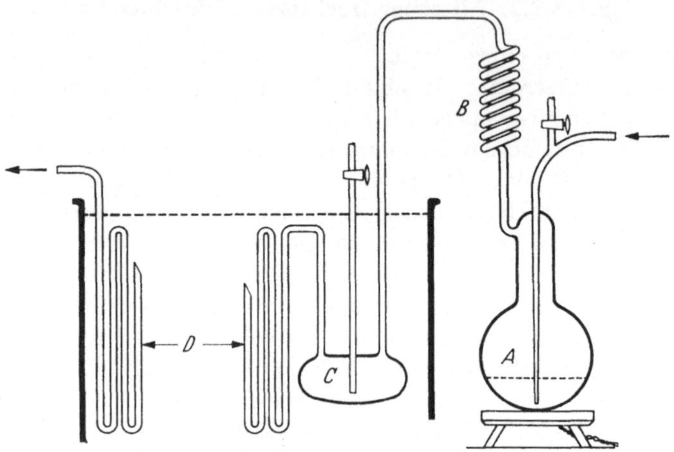

Abb. 35. Sättigungsapparatur von VERNON und WHITBY

Die gereinigte Luft wird zuerst durch einen Kolben A geleitet, in welchem sich siedendes Wasser befindet. Der überschüssige Wasserdampf wird im Rückflußkühler B kondensiert. Die feuchte Luft tritt in den Abscheider C ein, der im Wasserthermostaten steht und in welchem sich praktisch die gesamte überschüssige Wasserdampfmenge kondensiert. Der endgültige Temperaturausgleich findet im langen Glasrohr D statt. Die austretende Luft hat einen relativen Wasserdampfdruck von 1,00. Die Genauigkeit dieser Methode zur Einstellung des relativen Wasserdampfdruckes in einem Luftstrom beträgt etwa $\pm$ 0,002 [199].

Für Luftströme bestimmter sehr niedriger Wasserdampfgehalte wurde eine ähnliche Methode entwickelt [202]. Nach dieser wird der Luftstrom nach vollständiger Trocknung in zwei ungleiche Teile aufgespalten. Der kleine Anteil wird, wie oben beschrieben, total gesättigt und mit dem großen wieder vereinigt.

3.1.3.2.3. Erzeugung eines Luftstromes bestimmten Taupunktes

Diese Methode zur Einstellung des Wasserdampfdruckes basiert auf dem Prinzip, daß der Luftstrom zuerst bei einer niedrigen Temperatur mit Wasserdampf gesättigt und dann auf die Versuchstemperatur erwärmt wird. Auf diese Weise kann der Taupunkt und damit der Wasserdampfdruck auf einen bestimmten Wert eingestellt werden.

Speziell für dynamische Sorptionsmessungen bei hohen Temperaturen eignet sich die von WINK und Mitarbeitern [*203*] nach diesem Prinzip konstruierte Apparatur. Sie wurde zu Desorptionsmessungen an Papiermaterialien bei etwa $t = 93$ °C zwischen den relativen Drükken von $p/p_0 = 0,98$—$0,20$ verwendet. Ähnliche Einrichtung wurde von CORNELIUS und Mitarbeitern [*204*] zur Untersuchung der Hydratationsgleichgewichte von Aluminiumoxid bei sehr hohen Temperaturen benutzt.

3.1.3.2.4. Klimaprüfgeräte

Die modernen Klimaprüfgeräte erlauben eine bequeme Einstellung der Temperatur und des relativen Wasserdampfdruckes in einem verhältnismäßig großen Raum. Sie eignen sich somit für Sorptionsmessungen an größeren Gegenständen. Das Arbeitsprinzip solcher Geräte ist sehr verschiedenartig und umfaßt die vorhergehenden Methoden sowie die vollständige Klimatisierung der Luft in vier Arbeitsgängen: Befeuchtung, Trocknung, Kühlung und Erwärmung. Die meisten käuflichen Geräte erlauben die Einstellung der relativen Luftfeuchtigkeit mit einer Genauigkeit von $\pm$ 3% und die Temperatur auf $\pm$ 1 °C. Die Arbeitsbereiche der Klimaprüfgeräte erstrecken sich von $\varphi = 10$ bis 95% und $t = -90$ bis über $+100$ °C. Neuerdings werden solche Geräte sogar für eine Genauigkeit der Temperatur und des Taupunktes der Luft von $\pm$ 0,2 °C angeboten. Auf diesem Gebiet der Sorptionstechnik ist in den letzten Jahren eine große Entwicklung zu verzeichnen [*205*, Sekt. III].

3.2. Manometrische und hygrometrische Methoden

Bei den manometrischen Methoden der Wasserdampfsorption wird der Teildruck des Wasserdampfes im Gleichgewicht mit dem Sorbens von bestimmtem Wassergehalt gemessen. Ist das Manometer ein Bestandteil der Apparatur, so spricht man von einer Methode mit kontinuierlicher Beobachtung der Meßgröße. Bei den diskontinuierlich arbeitenden Methoden wird die Konditionierung des Sorbens auf verschiedene Wassergehalte und die Ermittlung des Gleichgewichtsdruckes des sorbierten Wassers in getrennten Arbeitsgängen durchgeführt. Für diesen Zweck werden häufig Hygrometer verschiedener Bauart verwendet.

3.2.1. Methoden mit kontinuierlicher Beobachtung der Meßgröße

In Apparaturen für solche Messungen wird die sorbierte Wassermenge durch genaue Dosierung von Wasser oder Wasserdampf systematisch variiert und der jeweilige Gleichgewichtsdruck mit einem geeigneten Manometer gemessen. Das Sorbens muß nur einmal, vor oder nach dem Experiment, gewogen werden. Die sorbierte Wassermenge läßt sich aus den einzelnen Wasserzugaben, aus dem Teildruck des Wasserdampfes und aus dem bekannten Volumen des Sorbensbehälters berechnet.

Die Methoden können je nach Art der Dosierung des Sorbates in die folgenden Gruppen eingeteilt werden:

1. Manometrische Dosierung; Zulassung von Wasserdampf bekannten Druckes und Volumens.

2. Gravimetrische Dosierung; Zulassung von Wassermengen von bekanntem Gewicht.

3. Volumetrische Dosierung; Zulassung von Wassermengen von bekanntem Volumen.

Da diese Methoden mit evakuierten Systemen arbeiten, muß das Wasser gründlich, z. B. durch Hin- und Zurückdestillieren zwischen zwei Kühlfallen im Vakuum, entgast werden.

3.2.1.1. Die manometrische Dosierung von Wasserdampf

Bei diesem Verfahren handelt es sich um die klassische volumetrische Methode der Adsorptionstechnik. Sie dient vor allem zur Bestimmung der spezifischen Oberfläche fester Sorbentien mit Hilfe von unpolaren Gasen.

Die Methode basiert auf der Bestimmung der Druckänderungen einer bestimmten Menge des gasförmigen Sorbates, wenn man es in einem vollständig evakuierten Sorbensbehälter expandieren läßt. Der sorbierte Teil kann aus dem freien Volumen des Behälters (im Englischen: dead space) unter Berücksichtigung der Adsorption an den Glaswandungen berechnet werden.

Die Methode kann dadurch eine sehr hohe Präzision erlangen, daß die Menge des Sorbens im Prinzip beliebig groß gewählt werden kann. Trotzdem treten keine großen Verzögerungen in der Gleichgewichtseinstellung ein, weil die Diffusionsvorgänge infolge Abwesenheit fremder Moleküle sehr schnell verlaufen.

Aus der Natur der Methode folgt, daß der Druck des Sorbates im System nach jeder Zugabe vorübergehend höher steigt, als dem darauffolgenden Gleichgewichtszustand entspricht. Der Gleichgewichtswassergehalt eines, mit der Gasphase in unmittelbarer Berührung stehenden Teiles des Sorbens wird daher bei der Aufnahme von Adsorptionsisothermen von höheren Werten her erreicht. In entsprechender Weise sinkt der Druck beim Absaugen des Systems in Desorptionsuntersuchungen zeitweilig so stark ab, daß der Gleichgewichtswert von unten her erreicht wird. Diese Umstände sind bei der Untersuchung von Sorbentien, die Hysteresis aufweisen, besonders zu beachten.

Auf die Bedeutung dieses Effektes bei Systemen mit Hysteresis haben SEBORG und STAMM [*195*] aufmerksam gemacht. PIDGEON [*45*] hat derartige Erscheinungen systematisch untersucht. Es zeigte sich dabei, daß die Hysteresisschleife sich verengt oder nahezu verschwindet, wenn sich der Wasserdampfdruck während des Sorptionsvorganges stark ändert. Aus diesem Grunde haben viele Forscher große Druckausgleichsgefäße an den Sorptionsapparaturen angebracht, um den Druck während der Gleichgewichtseinstellung annähernd konstant zu halten [*206, 207, 208*]. Hierdurch wird allerdings die Genauigkeit stark beeinträchtigt.

Ein wichtiges Anwendungsgebiet der Methode ist die Untersuchung der reinen Oberflächensorption, bei der keine Hysteresis auftritt und die Vergrößerung des Volumens sich erübrigt. Eine weitere Anwendung findet die Methode bei der Bestimmung der Porenverteilung starrer Sorbentien mit Kapillarsystemen. Diese weisen zwar eine Hysteresisschleife auf, die Untersuchung wird jedoch mit so kleinen Drucksprüngen durchgeführt, daß keine merkliche Verschiebung der Gleichgewichtszustände in die Hysteresisschleife eintritt.

Über die Konstruktion und Handhabung von volumetrischen Adsorptionsapparaturen sowie über die Auswertung von Sorptionsmessungen mit Stickstoff und Krypton gibt ein technisches Bulletin des Mellon Institutes [*209*] detaillierte Auskunft.

3.2.1.1.1. Die Apparatur von EMMETT

Wohl die erste allgemein einsatzfähige und einfache Konstruktion eines solchen Apparates stammt von EMMETT [*210*]. Sie wird in der Literatur als Standardapparatur bezeichnet und diente in zahlreichen Arbeiten zur Bestimmung der Oberfläche von Katalysatoren und Adsorbentien. Gelegentlich ist auch Wasser als Sorbat benutzt worden.

Eine solche Apparatur für Wasserdampf bis zu Drücken von 100 mm Hg wurde von JURA und HARKINS [*211*] entwickelt. Die Sorptionsisotherme von Gegenständen von mindestens 1 m² Fläche kann mit dieser einfachen Apparatur ausreichend genau bestimmt werden. Es wurden damit Sorptionsuntersuchungen an Anatas [*211*], Quarz und Calcit [*212, 213*], verschiedenen Siliciumoxiden [*214*] und Molybdensulfid [*215*] durchgeführt.

3.2.1.1.2. Die Apparatur von HARRIS und EMMETT [*216*]

Diese Konstruktion ist die speziell für Arbeiten mit Wasserdampf modifizierte moderne Ausführung einer volumetrischen Sorptionsapparatur. Sie stellt die verbesserte Form der von RAZOUK und SALEM [*217*] entworfenen Konstruktion dar, welche ihrerseits unter Berücksichtigung der früheren Apparatur von BANGHAM und MOSALLAM [*218*] entwickelt wurde. Die Apparatur ist durch die Abb. 36 wiedergegeben.

Die gesamte Apparatur befindet sich in einem Wasserthermostaten mit Glaswand. S ist der Probenbehälter, B eine Gasbürette und C ein Ventil für die Verhinderung des Mitreißens von Quecksilbertropfen durch das expandierende Gas. Die Verbindungsstücke sind aus englumigem Kapillarrohr, um das freie Volumen möglichst klein zu halten.

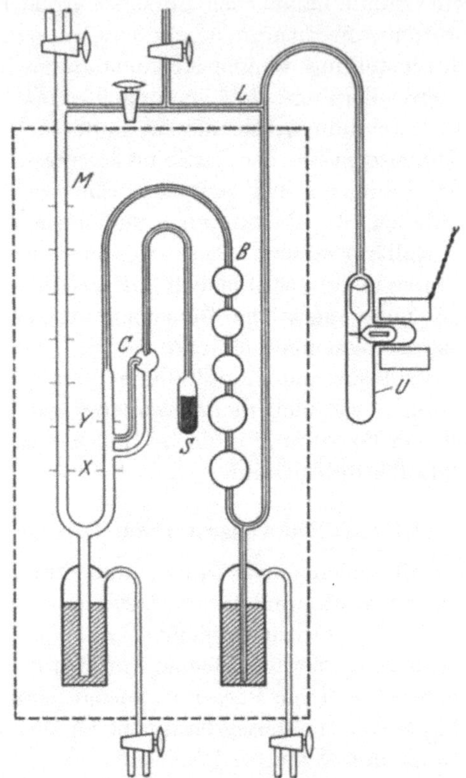

Abb. 36. Sorptionsapparatur von HARRIS und EMMETT

Die Evakuierung erfolgt durch den Dreiweghahn des Manometers M. Der andere Anschluß L dient zum Einlassen des zur Kalibrierung der Gasbürette und zur Bestimmung des freien Volumens benutzten Heliums. Auch der Stickstoff, mit dem die spezifische Oberfläche der untersuchten Sorbentien bestimmt werden kann, wird hier eingelassen.

Das Sorbat wird aus dem Dosierungsmechanismus U zugelassen, indem die Ampulle mit dem flüssigen Sorbat nach Evakuierung des gesamten Systems durch Betätigung des Elektromagneten aufgebrochen wird. Vorerst wird das Sorbat mittels Kühlmischung eingefroren, wonach die Dosierung durch Variierung der Temperatur im Sorbatbehälter durchgeführt werden kann. Das Verbindungsrohr zwischen Sorbatbehälter und Gasbürette ist elektrisch geheizt, um eine Kondensation zu vermeiden.

Die Dosierung des Sorbates in die Gasbürette erfolgt während das Quecksilberniveau im linken Ventil auf der Marke Y gehalten wird. Der Druck wird registriert und das Sperrniveau auf Marke X gesenkt, um den Sorptionsvorgang einzuleiten. Nach Einstellung des Gleichgewichtszustandes, meistens nach 24 Std., wird der Druck abgelesen und dann das Quecksilberniveau in der Gasbürette auf die nächste Marke erhöht. Wenn der Inhalt der Gasbürette in sukzessiven Gleichgewichtseinstellungen ganz zum Sorbens zugelassen wurde, kann das Sperrniveau des linken Ventils wieder auf Marke Y gehoben und die Gasbürette erneut aufgefüllt werden.

Diese Apparatur hat den Vorteil der Übersichtlichkeit und einfachen Handhabung. Sie kommt mit wenig Glashahnen und ohne Schliffe aus, was das Arbeiten im Hochvakuum wesentlich erleichtert. Die Apparatur wurde zur Untersuchung der Sorptionseigenschaften von porösen und nichtporösen Gläsern bei $t = 75\ °\mathrm{C}$ benutzt.

3.2.1.1.3. Die Apparatur von ORR [*219*]

Diese Apparatur wurde ursprünglich für Untersuchungen mit unpolaren Gasen entwickelt, diente jedoch später als Grundlage von Konstruktionen für Wasserdampf-Sorptionsuntersuchungen. Sie ist besonders geeignet bei Sorbentien von kleiner spezifischer Oberfläche.

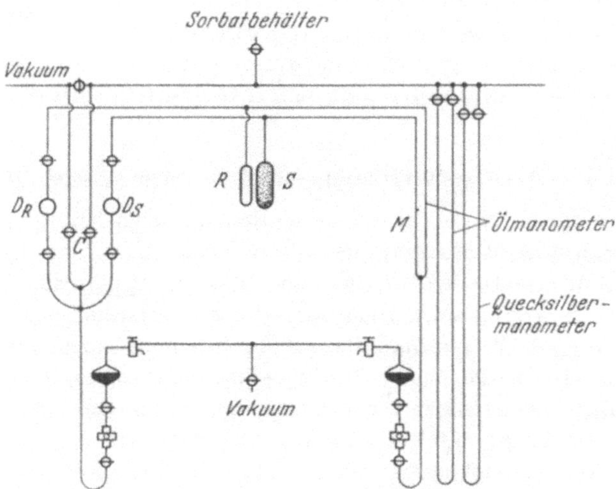

Abb. 37. Sorptionsapparatur von ORR

Das Prinzip der Methode besteht darin, daß nicht die absoluten Gleichgewichtsdrücke selbst, sondern Druckdifferenzen gemessen werden,

6*

die sich zwischen zwei möglichst ähnlichen Gefäßen einstellen, von denen das eine leer ist und das andere das Sorbens enthält. Der Apparat ist in der Abb. 37 schematisch dargestellt.

Je eine Glaskugel D_R und D_S sind als Büretten an zwei Pyrexglasbehälter R und S angeschlossen, deren Volumina möglichst gleich groß und auf 0,001 cm³ genau bekannt sind. Die beiden Behälterpaare R und D_R sowie S und D_S sind mittels Kapillarverbindungen an die zwei Schenkel eines mit Apiezon M-Öl gefüllten Differentialmanometers M angeschlossen. Die Druckdifferenz der beiden Systeme kann mit einem Kathetometer auf 0,004 mm Hg genau abgelesen werden. Das ganze Verbindungssystem zwischen Büretten, Kolben und Manometer hat ein Volumen von weniger als 1 cm³.

In einem der Behälter, S, befindet sich das Sorbens, während R leer bleibt. Die beiden Bürettenkugeln werden mit dem Sorbat bis zum gewünschten Druck aufgefüllt und dann mit R und S verbunden. Die Druckdifferenz im M nach Einstellung des Gleichgewichtszustandes ist ein direktes Maß für die sorbierte Menge bei gegebenem Druck. Die üblichen Korrekturen können vernachlässigt werden, weil diese sich in den beiden Systemen R und S gegenseitig aufheben.

Eine solche Apparatur wurde mit Wasserdampf als Sorbat von ZETTLEMOYER und Mitarbeitern in zahlreichen Untersuchungen mit den verschiedensten Sorbentien, wie Metallen [220, 221], Asbest, [46, 222], Graphon [223, 224] und Teflon [224] benutzt. Allerdings wurde dabei meistens auf den Vorteil der Differenztechnik verzichtet und der Gleichgewichtsdruck der Sorbentien direkt bestimmt.

Dieses Arbeitsprinzip bildet den Ausgangspunkt vieler Neuentwicklungen in der Adsorptionstechnik, vgl. Abschnitt 3.1.2.1.3.

3.2.1.1.4. Weitere Sorptionsapparaturen volumetrischen Prinzips

Die erwähnten Konstruktionen wurden in vielen Modifikationen zur Untersuchung der Wasserdampfsorption fester Sorbentien angewendet. GANS und Mitarbeiter [225] haben eine einfache Apparatur zur Bestimmung von Sorptionsisothermen kristallisiner Metalloxide entwickelt. Die Dosierung des Wasserdampfes erfolgt aus einem einzigen Glaskolben, der für jede einzelne Gleichgewichtseinstellung neu aufgefüllt werden muß. Eine ähnliche Konstruktion wurde von SPENADEL [226] für die Untersuchung von Anatas mit Wasserdampf und Stickstoff bei verschiedenen Temperaturen entwickelt.

Eine andere Apparatur haben WOOTEN und BROWN [227] zu Sorptionsuntersuchungen benutzt, die später zur Aufnahme der Wasserdampf-Sorptionsisothermen von kristallinen Aminosäuren und niedrigen Polypeptiden diente [228].

Von Portner [229] wurde eine Apparatur nach dem volumetrischen Prinzip zur Aufnahme von Desorptionsisothermen konstruiert.

3.2.1.2. Die gravimetrische Dosierung des Sorbates

Diese Art der Dosierung basiert auf der Zugabe oder Entnahme von gewogenen Wassermengen. Dry und Beebe [230] benutzen dazu eine an die Apparatur mit einem Schliff anschließbare Bürette, die entgastes Wasser enthält. Die in das System verdampfte Wassermenge kann durch Wägen der Bürette ermittelt werden. Um die Genauigkeit der Dosierung noch weiter zu erhöhen, wird nur ein Teil des verdampften Wassers mit dem Sorbens in Kontakt gebracht. Zu diesem Zweck läßt man das Wasser in zwei ungleich große Glasgefäße expandieren. Nach vollständigem Ausgleich des Druckes und der Temperatur in beiden Gefäßen werden diese voneinander durch einen Hahn getrennt. Dann wird der Sorbensbehälter mit dem kleineren Dosiergefäß verbunden und der neue Druck abgelesen. Aus dem Volumverhältnis der beiden Gefäße kann der an der Sorption beteiligte Anteil der ganzen zugelassenen Wassermenge berechnet werden.

Eine Apparatur zur Entnahme bekannter Wassermengen von Lebensmitteln für Desorptionsmessungen wurde von Taylor [231] entwickelt. Neben den Bestandteilen einer manometrischen Apparatur enthält diese Konstruktion noch eine abnehmbare Wägeflasche, in die das Wasser durch Außenkühlung mit flüssigem Sauerstoff hineinkondensiert werden kann. Durch Wiederholung der Ausfrierung kann die ganze Desorptionsisotherme eines wasserhaltigen Sorbens aufgenommen werden. Die Apparatur wurde zur Untersuchung gefriergetrockneter Lebensmittel verwendet.

In ähnlicher Weise, jedoch mit Phosphorpentoxid als Trocknungsmittel, wurde die Desorptionsisotherme von Erdbodenkolloiden bestimmt [232]. Analog arbeitet die von Urquhart und Williams [233] benutzte Apparatur zur Untersuchung der Desorption von Baumwolle.

3.2.1.3. Die volumetrische Dosierung des Sorbates

Hier wird das flüssige Wasser aus einer kalibrierten Kapillare oder Mikrobürette in das evakuierte System verdampft. Eine einfache Ausführung solcher Dosiervorrichtungen stammt von Farrow und Swan [234]. Diese wurde von Urquhart und Williams [233] weiterentwickelt und ist in Abb. 38 abgebildet.

Das Sorbens befindet sich im Behälter A, der nach dem Füllen und Evakuieren bei F abgeschmolzen wird. Ebenfalls zum Evakuieren und

Abschmelzen dienen die Anschlüsse G und H. Die Mikrobürette E enthält das flüssige Sorbat, welches beim Öffnen des Hahnes C nach und nach verdampft. Die Sorbensmenge beträgt meistens 10 g und die Ablesbarkeit der Bürette $\pm 0{,}005$ cm³. Der Gleichgewichtsdruck wird am Quecksilbermanometer D auf $\pm 0{,}01$ mm Hg abgelesen. Der Hahn B dient zum Schutze des Manometers während des Abschmelzens.

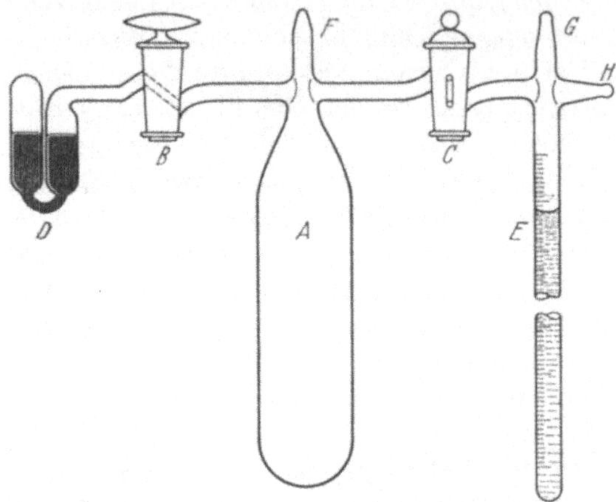

Abb. 38. Sorptionsapparatur mit volumetrischer Dosiervorrichtung

Eine ähnliche Apparatur mit einigen Verbesserungen wurde von SPEAKMAN und COOPER [235] zur Untersuchung der Wasserdampfsorption von Wolle benutzt.

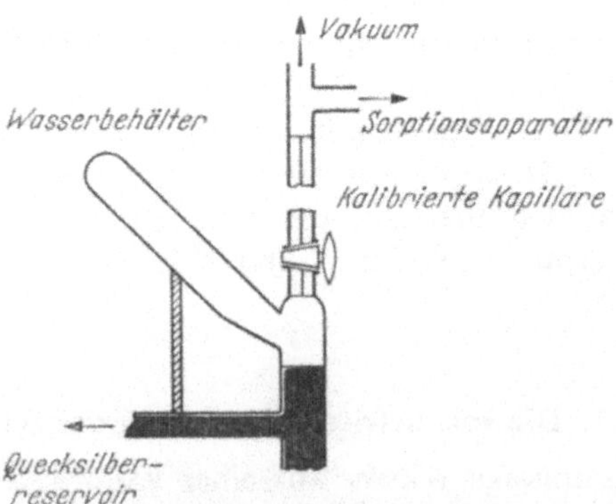

Abb. 39. „Water Doser" von SNELGROVE und Mitarbeitern
(Mit freundlicher Genehmigung des National Research Council of Canada, Ottawa)

Die Untersuchung größerer Sorptionsbereiche erlaubt der ursprünglich von HULETT und LOWRY [236] stammende „Water Doser" von SNELGROVE und Mitarbeitern [237], der in der Abb. 39 dargestellt ist.

Die Vorrichtung besteht aus einem Wasserspeicher, dem die gewünschte Sorbatmenge mit Hilfe eines Quecksilberventils entnommen werden kann. Die kalibrierte Kapillare dient zur Messung des Volumens der einzelnen Wassermengen, die in den Raum mit dem Sorbens eingelassen werden. Die Ablesegenauigkeit der Wassermengen beträgt $\pm 0{,}3\%$. Besonders vorteilhaft ist bei diesem Gerät, daß eine größere Wassermenge, die für mehrere Versuche ausreicht, entgast werden kann.

3.2.2. Methoden mit diskontinuierlicher Beobachtung der Meßgröße

Die hier zu besprechenden Methoden werden meist angewendet, wenn Proben vorliegen, deren Wassergehalt durch die Vorgeschichte bestimmt ist. Bei vielen derartigen Sorbentien ist der Gleichgewichts-Wasserdampfdruck ein wichtiges Qualitätsmerkmal. So werden getrocknete Produkte verschiedener Industriezweige oft auch manometrisch oder hygrometrisch auf den gewünschten Trocknungsgrad geprüft. Wichtig sind diese Methoden ferner für die Bestimmung des Wasserdampfdruckes von gesättigten wäßrigen Lösungen mit Bodenkörper. Sie eignen sich auch zur Aufnahme von Sorptionsisosteren.

Weniger geeignet sind diese Methoden zur Bestimmung von Isothermen oder von Teilstücken davon. Diese Anwendung setzt das Vorliegen von mehreren Proben mit bestimmten Wassergehalten voraus, von denen jede Einzelne auf den Wasserdampfdruck untersucht wird. Solche Proben lassen sich jedoch in den erforderlichen großen Mengen und mit einer vollständig homogenen Verteilung des sorbierten Wassers nur unter erheblichen experimentellen Schwierigkeiten herstellen. Es sind besonders die dazu nötigen sehr langen Konditionierungszeiten zu erwähnen, wodurch der große Vorteil dieser Methoden, nämlich die kurze Ansprechzeit, verlorengeht. In einer Arbeit über die Wasserdampfsorption von Casein hat z. B. BRIGGS [238] die zu untersuchenden Proben sechs Wochen lang konditioniert. Proben mit verschiedenen Wassergehalten können einfacher durch Mischen trockener und feuchter Proben in verschiedenen Verhältnissen hergestellt werden, wie dies MILLER und KASLOW [239] für Mehl beschrieben haben. Weitere Richtlinien für die Einstellung bestimmter Wassergehalte durch Trocknen und Befeuchten gibt das Food Packaging Institute [158]. Der Gleichgewichtsdruck solcher Proben liegt naturgemäß innerhalb der Hysteresisschleife.

Eine Einteilung der im folgenden zu besprechenden Methoden in direkte und indirekte kann danach vorgenommen werden, ob eine direkte manometrische Bestimmung des Wasserdampfdruckes erfolgt oder dieser aus einer geeigneten Eigenschaft der Gleichgewichtsatmosphäre indirekt ermittelt wird.

3.2.2.1. Direkte Bestimmung des Dampfdruckes des sorbierten Wassers

Für die Messung des Gleichgewichtsdampfdruckes von sorbiertem Wasser können Manometer verschiedenster Konstruktion verwendet werden. Die Apparaturen sind denjenigen für die Bestimmung von Flüssigkeit-Dampf-Gleichgewichten sehr ähnlich.

3.2.2.1.1. Die einfache Manometrie

Die einfachste Versuchsanordnung besteht aus einem Probenbehälter und einem angeschlossenen Manometer. Das System wird rasch auf einen niedrigen Restdruck evakuiert, der neben dem Gleichgewichtsdruck des Wasserdampfes vernachlässigbar ist. Dann wird die Verbindung mit der Vakuumpumpe unterbrochen. Nach Einstellung des Gleichgewichtes kann der Druck des sorbierten Wassers am Manometer abgelesen werden.

Bei dieser Technik ist es unvermeidlich, daß zumindest die äußere Schicht des Sorbens Wasser verliert. Der Verlust ist relativ um so größer, mit je kleiner Probemenge die Bestimmung durchgeführt wird. Dies kann einen systematischen Fehler verursachen, wenn nicht besondere Maßnahmen zum Abfangen des verdampften Wassers getroffen werden.

Eine solche Apparatur mit Kondensiervorrichtung wurde von MAKOWER und MYERS [240] entwickelt. Zwischen Sorbatbehälter und Vakuumpumpe ist eine Kühlfalle eingeschaltet, in welcher das verdunstete Wasser ausgefroren wird. Das Kondensat wird nach dem Evakuieren aufgetaut und durch das Sorbens wieder aufgenommen. Auf diese Weise kann die mengenmäßige Änderung des Wassergehaltes vermieden werden, während die Gleichgewichtsverhältnisse durch Hysteresiseffekte doch etwas gestört werden.

Das Prinzip des Ausfrierens des Wasserdampfes in einem isolierten Teil der Apparatur und der damit verbundenen Druckänderung macht sich die Methode von VINCENT und BRISTOL [241] zunutze.

Die Messung erfolgt durch Bestimmung des Druckes vor und nach dem Ausfrieren des Wasserdampfes. Der Gleichgewichtsdruck ergibt sich unmittelbar als die Differenz der beiden Ablesungen.

Eine mitunter angewandte andere Methode zur Verhinderung des Wasserverlustes während der Evakuierung, nämlich das Einfrieren des Sorbens durch Kühlung mit Trockeneis oder sogar mit flüssiger Luft [231] ist nicht zu empfehlen. Es ist dabei mit weitgehenden Strukturänderungen zu rechnen, die die Wasserbindungsfähigkeit des Sorbens stark beeinflussen können. Außerdem besteht die Möglichkeit des Auftretens lokaler Wassergehaltsunterschiede bei dem Einfrieren und Auftauen, wodurch der Bindungszustand des Wassers verändert werden kann.

3.2.2.1.2. Das Dubrovin-Manometer

Eine Weiterentwicklung der manometrischen Meßtechnik stellt die von LEGAULT und Mitarbeitern [242] konstruierte Apparatur dar, die auf der Anwendung des Dubrovin-Manometers beruht. Dieses erlaubt eine rund 7 mal größere Ablesegenauigkeit als ein gewöhnliches Differentialmanometer. Das Manometer kann direkt, ohne Zusatzgeräte abgelesen werden und eignet sich somit zu raschen und relativ genauen Dampfdruckbestimmungen. Besonders in der Lebensmittelindustrie wurde diese Methode oft angewendet.

Das Manometer wurde kürzlich von KOLLMANN und SCHNEIDER [243] in verschiedener Hinsicht verbessert und ist in der Abb. 40 reproduziert.

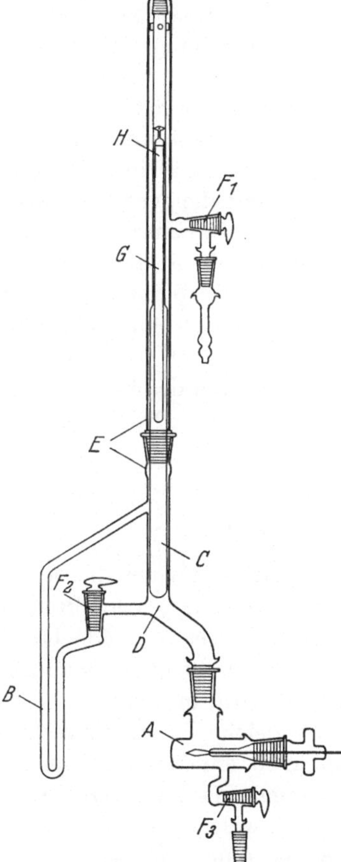

Abb. 40. Dubrovin-Manometer von SCHNEIDER

A Probengefäß
B Kühlfalle
C Manometer
D Glasboden
E Manometerhülle
F_1, F_2, F_3 Hochvakuum-Eckhähne
G Schwimmer
H Ringmarke für Druckanzeige

Das Manometer selbst besteht aus einem doppelwandigen Rohr, in welchem sich das Quecksilber und ein mit Quecksilber gefüllter, unten offener Schwimmer befinden.

Das Quecksilberniveau im Schwimmer steht über dem Niveau im Manometerrohr; die Differenz ist durch den Auftrieb des Quecksilbers auf das eingetauchte Glasstück des Schwimmers bestimmt. Beim Evakuieren sinkt das Niveau im Schwimmer, wodurch sich dieser infolge des zunehmenden Auftriebs nach oben bewegt. Diese Bewegung muß möglichst reibungslos sein. Die Position des Schwimmers ist ein Maß des Druckes und kann am oberen Ende an einer Ringmarke abgelesen werden. Hierfür ist am äußeren Rohr eine Skala angebracht.

Über die Füllung des Manometers enthält die zitierte Arbeit von LEGAULT und Mitarbeitern genaue Vorschriften. Die Theorie der Anzeige dieses Manometers findet man bei KOLLMANN und SCHNEIDER [243].

Die meisten solcher Manometer haben einen Meßbereich von $P = 0$ bis etwa 30 mm Hg und arbeiten mit einer Genauigkeit von $\pm 0{,}04$ mm Hg. Kleine Temperaturschwankungen der Umgebung haben auf die Ablesung keinen merklichen Einfluß.

Die Messung selbst ist relativ einfach, indem vorerst die Probe zusammen mit dem äußeren Teil des Manometers rasch auf einen Druck von etwa 10^{-2} Torr evakuiert wird. Die Evakuierung ist in 2 Minuten beendet; danach wird der Hahn F_1 geschlossen und die geringe Menge des kondensierten Wassers aus der Kühlfalle nach Auftauen durch die Probe wieder aufgenommen. Nachdem das Manometer einen konstanten Wert anzeigt, kann der Druck abgelesen werden. Dies dauert bei pulverförmigen Lebensmitteln 30 Min [242], bei Holz 6—20 Std [243] und bei Kartoffelstücken 5—10 Std [244]. Die Dichtigkeit der Apparatur kann durch Schließen des Hahnes F_2 und Ausfrieren des Wasserdampfes kontrolliert werden, wonach das Manometer den Druck der nichtkondensierbaren Gase anzeigt.

3.2.2.1.3. Das Isoteniskop

Ein weiteres Gerät zur Bestimmung des Gleichgewichtsdruckes wasserhaltiger Sorbentien ist das sogenannte Isoteniskop von SMITH und MENZIES [245]. Das Prinzip und der Vorteil dieser Methode bestehen darin, daß der Druck des Wasserdampfes nicht direkt über dem Sorbens, sondern in einem separaten Raum gemessen wird, in welchem sich nur permanente Gase befinden und genau der gleiche Druck herrscht wie in dem Sorbensbehälter. Dadurch kann auch ein McLeod-Manometer zur Messung des Gleichgewichtsdruckes angewendet werden. Das Isoteniskop ist also ein manometerartiges Gerät, welches die Gleichheit der Drücke in den beiden Räumen anzeigt. Es ist in der Abb. 41 dargestellt.

In der Glaskugel befindet sich das Sorbens. Das U-Rohr wird mit einer geeigneten Flüssigkeit bis zur halben Höhe gefüllt. Das offene Ende des Isoteniskops wird mit einem großen Kolben verbunden, in welchem die Entnahme oder Zufuhr von Luft oder einem andern Gas den Druck nur langsam ändert. An diesen Raum ist ein Manometer geeigneter Konstruktion, z. B. ein McLeod-Manometer, angeschlossen. Die ganze Versuchsanordnung findet man unter anderem bei ADAMS und MERZ [246].

Infolge der großen Verluste an Wasser während des Evakuierens eignet sich diese Methode vor allem zur Untersuchung solcher Sorbentien, bei denen der Dampfdruck durch diesen Verlust nicht beeinflußt wird. Für Sorbentien mit kontinuierlicher Sorptionsisotherme haben BRIGGS [238] und BACHRACH und BRIGGS [247] das Isoteniskop modifiziert. Der Sorbensbehälter wird an das U-Rohr mit einem Schliff angeschlossen, damit dieser leicht entfernt werden kann. Dies geschieht zwecks Bestimmung des Wassergehaltes der untersuchten Proben nach jeder Messung.

Sehr gut geeignet ist die Methode zur Untersuchung von Kristallhydratgleichgewichten [247, 248] und ganz besonders für die Bestimmung des hygroskopischen Punktes löslicher Stoffe bzw. des Teildruckes vom Wasserdampf über gesättigten Lösungen. Auf diese Weise haben CARR und HARRIS [79] gesättigte Elektrolytlösungen und WHITTIER und GOULD [249] gesättigte Lösungen verschiedener Zucker auf den Wasserdampfdruck mit hoher Präzision untersucht.

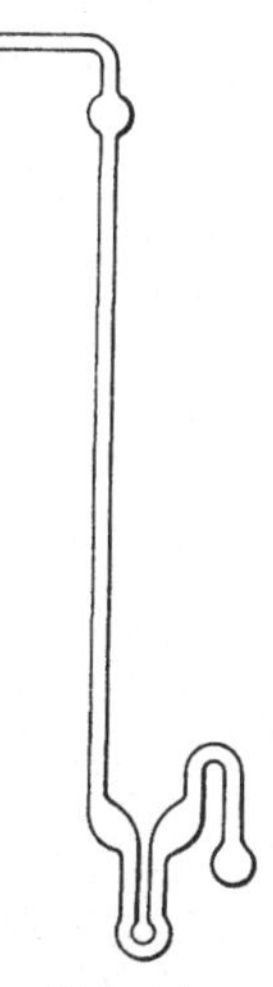

Abb. 41.
Isoteniskop von
SMITH und
MENZIES
(Mit freundlicher
Genehmigung der
American Chemical Society, Washington, D. C.)

3.2.2.1.4. Die Aufnahme von Sorptionsisosteren

Wie eingangs dieses Abschnittes erwähnt, eignen sich die hier besprochenen Methoden zur Aufnahme von Sorptionsisosteren. Dazu muß nur die Temperatur des Thermostaten variierbar sein, in welchem sich der Sorbensbehälter befindet. Ist das Volumen des Sorptionssystems relativ klein, so wird der Wassergehalt des Sorbens durch die zusätzliche Verdampfung oder Wasseraufnahme bei den Temperaturänderungen nicht wesentlich beeinflußt. Außerdem kann dieser Verlust aus dem bekannten Volumen der Apparatur und dem jeweiligen Druck berechnet werden.

Zwei überaus einfache Apparaturen zur Aufnahme von Sorptionsisosteren wurden von URQUHART und WILLIAMS [15] entwickelt. Sie sind in der Abb. 42 wiedergegeben.

Die einfache Ausführung *a* besteht aus einem Probenbehälter und einem Manometer und stellt somit die einfachste Form einer manometrischen Sorptionsapparatur mit außerordentlich kleinem freien Volumen dar. Nach Einwägen der Probe wird die Apparatur evakuiert und anschließend mit einer bekannten Wassermenge aus einer kapillaren Dosiervorrichtung befeuchtet. Danach werden die Glasanschlüsse abgeschmolzen. Der Dampfdruck des Sorbens bei annähernd konstanter sorbierter Wassermenge kann anschließend bei verschiedenen Temperaturen bestimmt werden.

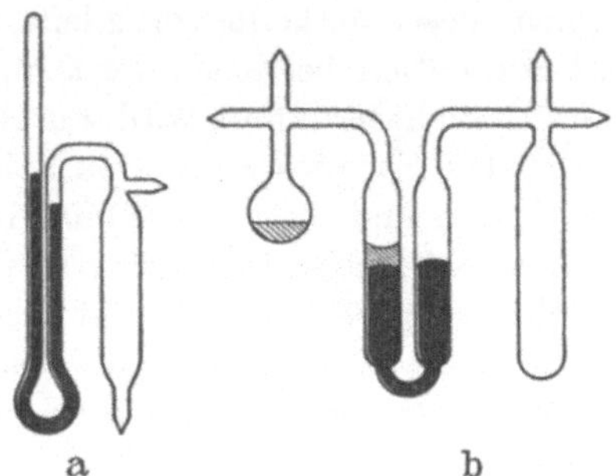

Abb. 42. Sorptionsapparaturen zur Aufnahme von Sorptionsisosteren

Eine für hohe relative Drücke geeignete Modifikation ist die Apparatur *b* in der Abb. 42. Darin wird der Gleichgewichtsdruck des Sorbens bei jeder Temperatur gegen den Sättigungsdruck des Wassers gemessen.

Beide Apparaturen wurden zur Bestimmung der Sorptionsisosteren von Baumwolle benutzt.

3.2.2.2. Indirekte Bestimmung des Dampfdruckes des sorbierten Wassers; die hygrometrischen Methoden

Die wichtigste indirekte Methode der Bestimmung des Wasserdampfdruckes von festen Sorbentien ist die elektrische Hygrometrie.

Über diese und viele andere hygrometrischen Arbeitsmethoden findet der Leser im Buch von LÜCK [250] ausführliche Auskunft. Dasselbe Gebiet hat das unter Bearbeitung stehende Werk von SONNTAG [251] zum Thema. Zahlreiche Beiträge zu dieser Technik sind kürzlich in Form eines Symposiums von WEXLER [252] herausgegeben worden.

3.2.2.2.1. Die elektrische Hygrometrie

Unter den indirekten Methoden der Wasserdampf-Druckmessungen über festen Sorbentien nimmt die elektrische Hygrometrie weitaus den größten Raum ein. Als erster hat EDLEFSEN [253] 1933 eine Glaswollezelle für diesen Zweck entwickelt, die auf dem Leitfähigkeitsprinzip beruht. Die weitere Entwicklung hat die elektrische Hygrometrie zu einer Methode von breiter experimenteller Anwendbarkeit werden lassen.

Bei allen Apparaten ist der Anschluß eines Schreibers möglich, so daß zeitliche Änderungen der relativen Luftfeuchtigkeit laufend verfolgt und automatisch registriert werden können. Die modernen elektrischen Hygrometer sind mit Zusatzgeräten für die Aufnahme von Sorptionsisothermen und zur Bestimmung der Wasserdampfdurchlässigkeit von Kunststoff-Folien ausgerüstet.

Die absolute Genauigkeit der elektrischen Hygrometer beträgt heute 1,5—2,0 % in der relativen Luftfeuchtigkeit. Die Empfindlichkeit ist noch viel höher und wird im allgemeinen mit 0,1—0,2 % angegeben. Die Ansprechgeschwindigkeit ist in bewegter Luft sehr groß und eine konstante Anzeige kann bei den meisten Typen innerhalb von Sekunden bis wenigen Minuten erwartet werden. In Sorptionsmessungen sind allerdings viel längere Zeiten erforderlich, hauptsächlich infolge des langsamen Stoff- und Wärmeaustausches innerhalb des Sorbens und zwischen Sorbens und Feuchtigkeitsgeber.

Diese Apparate sind einfach im Gebrauch und dürften in der Sorptionsmethodik für technische Zwecke immer größere Bedeutung erlangen.

a) Das Dunmore-Hygrometer [254]

Dieses Hygrometer wurde ursprünglich für meteorologische Zwecke entwickelt. Die Bestimmung der relativen Luftfeuchtigkeit basiert auf der Änderung der Leitfähigkeit einer Polyvinylacetat-Lithiumchlorid-schicht. Diese Schicht wird auf Palladiumdraht aufgetragen, der auf ein mit Lack isoliertes Aluminiumrohr aufgewickelt ist. Diese Anordnung erlaubt einen raschen Temperatur- und Feuchtigkeitsausgleich zwischen Fühler und Umgebung.

Die verschiedenen Meßzellen von abgestuftem Lithiumchloridgehalt sind in einer einzigen Meßeinheit parallelgeschaltet. Die Leitfähigkeit der Zellen wird je nach Meßbereich wahlweise in einer einfachen Strommessung-Ausschlagsschaltung ermittelt und durch ein in Luftfeuchtigkeit geeichtes Instrument angezeigt.

Die heutige, kommerzielle Form des Dunmore-Hygrometers (Hygrodynamics Inc.) arbeitet mit 10 Gebern, mit welchen der gesamte Feuchtigkeitsbereich von $\varphi = 1,5—99 \%$ und $t = -30\,°\mathrm{C}$ bis $+70\,°\mathrm{C}$ erfaßt werden kann. Es werden spezielle Geber auch für weitere Feuchtigkeitsbereiche angeboten. Die absolute Genauigkeit ist im ganzen Bereich $\pm 1,5\%$ oder $\pm 2\%$ je nach Typ des Gebers.

Die Bestimmung der Gleichgewichtsluftfeuchtigkeit von festen Sorbentien wird mit diesem Hygrometer meistens so durchgeführt, daß das Meßelement in ein geschlossenes Gefäß eingeführt wird, in welchem sich das Sorbens befindet. Es können hierzu gewöhnliche Breithalsflaschen oder sonstige verschließbare Glasgefäße verwendet werden. Das Hygrometerelement muß zur Verkürzung der Angleichszeit unmittelbar über dem Sorbens angebracht sein. Eine zweckmäßige Anordnung wurde von BROCKINGTON und Mitarbeitern [255] entworfen, die es erlaubt, die Meßelemente direkt in das zu untersuchende Gut zu tauchen. Es wurde dabei eine Angleichszeit von 2 Std erreicht.

Der Einfluß einer unbewegten Luftschicht auf die Angleichszeiten wurde in der Arbeit von ROCKLAND [256] nachgewiesen. Zeitperioden von über 25 Std wurden bei ruhender Luft zwischen Probe und Meßzelle benötigt, während die Versuchsdauer bei Bewegung der Luft auf einige Stunden abgekürzt wurde. Durch ständige Zirkulation der Luft durch die Sorbensschicht kann die Angleichszeit bei größeren Proben von Reis auf 5 Std herabgesetzt werden [257].

Es empfiehlt sich, das Anzeigeinstrument nur für die Dauer der Ablesung einzuschalten. Ein ständiger Strom kann die Resultate durch Wärmeentwicklung und durch Veränderungen in der feuchtigkeitsempfindlichen Schicht der Zellen verfälschen.

Eine sorgfältige Prüfung des Dunmore-Hygrometers mit zwei Lebensmittelprodukten hat eine Standardabweichung von 1,46% bzw. 2,86% in der Luftfeuchtigkeit mit je 9 Freiheitsgraden ergeben [258]. Dies zeigt, daß die Genauigkeit des Hygrometers bei derartigen Messungen nicht ganz ausgenützt werden kann, was wohl auf die Inhomogenität des Sorbens zurückzuführen ist.

Ähnlich ist der Honeywell „Gold Grid"-Hygrometerfühler konstruiert, welcher zur Bestimmung der Sorptionsisothermen der isolierten und getrockneten Bestandteile der Milch benutzt wurde [259]. Dieses Hygrometer arbeitet zwischen $\varphi = 5-95\%$ und $t = -40\ °C$ bis $+60\ °C$ mit 19 Gebern, deren absolute Genauigkeit $\pm 3\%$ bzw. $\pm 1\%$ je nach Typ beträgt.

b) Das Hygrometer von MOSSEL und KUIJK [260]

Der Fühler dieses Hygrometers besteht aus einem lackisolierten Stahlrohr, auf dem sich eine mit gesättigter Lithiumchloridlösung getränkte Glaswolleschicht befindet. Um die Schicht sind zwei Silberdrähte so gewickelt, daß eine elektrische Leitung nur über den Elektrolyten erfolgen kann. An die zwei Drähte kann eine Wechselspannung von 25 V angelegt werden.

Bei der Messung wird ein Strom durch die Elektrolytlösung geschickt, wobei sich diese erwärmt, bis der Dampfdruck der Lösung denjenigen der umgebenden Atmosphäre erreicht. Dann setzt eine Verarmung der Zelle an Wasser durch Verdampfung ein, was eine Zunahme des Widerstandes mit gleichzeitiger Abnahme der Stromstärke und das Nachlassen der Erwärmung zur Folge hat. Die Temperatur der Zelle stellt sich schließlich auf einen konstanten Wert ein, bei dem die Elektrolytlösung denselben Dampfdruck hat wie die Atmosphäre. Diese Temperatur kann mit einem Widerstandsthermometer auf $\pm 0,1$ °C bestimmt werden. Aus der Dampfdruckkurve der gesättigten Lithiumchloridlösung kann der gesuchte Wasserdampfdruck abgelesen werden.

Besondere Sorgfalt ist für die Thermostatierung der Probe erforderlich. Zu diesem Zwecke wurde ein doppelwandiger Probenbehälter konstruiert. Die Reproduzierbarkeit der Messungen mit diesem Gerät beträgt etwa 0,01 im relativen Dampfdruck.

c) Das Hygrometer der Sina AG, Zürich

Dieses Hygrometer wurde für die Papierindustrie zur kontinuierlichen Kontrolle der Gleichgewichts-Luftfeuchtigkeit von schichtförmigen Materialien konstruiert [261]. Das Gerät wurde in den letzten Jahren zu einem vielseitigen Instrument für Sorptions- und Durchlässigkeitsmessungen aller Art entwickelt [262].

Das Hygrometerelement ist eine Isolierplatte, auf welche eine elektrolythaltige Schicht aufgetragen ist, vgl. Abb. 43. Die Meßzelle C besteht aus zwei solchen feuchtigkeitsempfindlichen Widerständen, die einer elektrischen Brückenschaltung zugeordnet sind. Der eine Widerstand R_y befindet sich in einem kleinen abgeschlossenen Raum konstanter Luftfeuchtigkeit innerhalb des Meßorgans, während der zweite R_x mit der Gleichgewichtsatmosphäre des zu untersuchenden Sorbens in Kontakt gebracht wird. Das entstehende Signal betätigt über einen Verstärker V einen Servomotor M, der die Brückenspannung durch Verschiebung des Schleifkontaktes eines Präzisionspotentiometers P wieder auf Null abgleicht. Der Motor steht dann so lange still, bis die Änderung der Luftfeuchtigkeit eine neue Nullage zur Folge hat. Das Potentiometer ist mit einer Skala A versehen, die in prozentualer relativer Luftfeuchtigkeit geeicht ist.

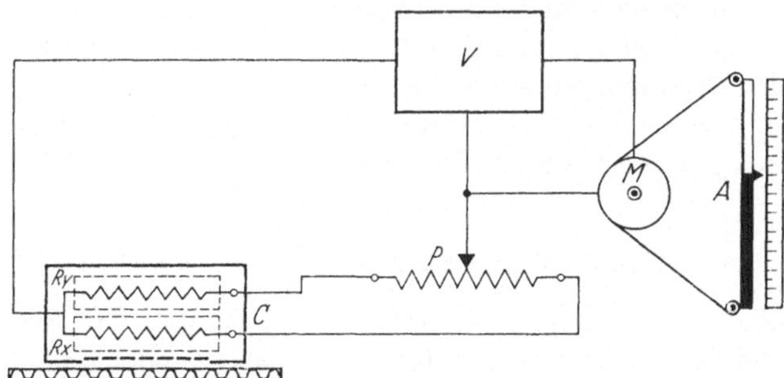

Abb. 43. Schaltschema des Hygrometers der Sina AG

Da die Masse der feuchtigkeitsempfindlichen Schicht sehr klein ist, werden nur geringe Mengen von Wasserdampf zum Erreichen des Gleichgewichtszustandes durch das Hygrometerelement benötigt. Die Ansprechgeschwindigkeit des Gerätes ist infolgedessen sehr groß.

Die normale Ausführung weist einen Meßbereich zwischen $\varphi = 2$ bis 95% auf. Ein spezieller Fühler erlaubt die Ausdehnung des Bereiches bis zu $\varphi = 100\%$. Die zulässigen Temperaturgrenzen betragen $t = -10\,°C$ und $+60\,°C$ bzw. $100\,°C$ je nach Meßorgan. Die Ansprechempfindlichkeit beträgt 0,1% und die Reproduzierbarkeit $\pm 0,5\%$ in der relativen Luftfeuchtigkeit. Die Eichgenauigkeit wird mit $\pm 2\%$ angegeben.

Das Instrument ist mit Meßschalen für die Bestimmung der Gleichgewichts-Luftfeuchtigkeit einzelner Proben sowie für die Aufnahme ganzer Sorptionsisothermen ausgerüstet. Bei der Durchführung von Messungen muß die Temperatur auf etwa $\pm 0,5\,°C$ konstant gehalten werden [*263*]. Um auch die kleinsten Schwankungen der Anzeige im Gleichgewichtszustand zu vermeiden, empfiehlt es sich, die Meßschale stets in einem Luftthermostaten zu halten. Die Abdichtung zwischen Schale und Meßkopf weist eine gewisse Wasserdampf-Durchlässigkeit auf, die bei genauen Messungen ebenfalls berücksichtigt werden muß. Ein Stabgeber, welcher direkt in das zu untersuchende Gut getaucht werden kann, gehört ebenfalls zur Ausrüstung des Gerätes.

Bei der Aufnahme von Sorptionsisothermen werden eine Schale mit Schwefelsäurelösung geeigneter Konzentration, eine weitere mit dem Sorbens und der Feuchtigkeitsgeber übereinander angeordnet. Der Boden der Schale mit dem Sorbens ist aus feinem Metallgewebe angefertigt, durch welche der Wasserdampf unbehindert hindurchdiffundieren kann. Das Anzeigegerät registriert die Luftfeuchtigkeit über dem Sorbens, während dieses durch die Schwefelsäurelösung von unten konditioniert wird. Der direkte Weg des Wasserdampfes von der Elektrolytlösung zum Meßkopf ist durch geeignete Abdichtungen versperrt. Zeigt das Instrument über längere Zeit einen konstanten Wert an, so ist der Gleichgewichtszustand erreicht und die Schale mit dem Sorbens kann gewogen werden. Es wird eine Angleichszeit von mindestens 12 Std empfohlen. Durch sukzessive Erhöhung oder Erniedrigung der relativen Luftfeuchtigkeit und anschließende Bestimmung des Trockengewichtes des Sorbens können ganze Sorptionsisothermen aufgenommen werden.

3.2.2.2.2. Weitere hygrometrische Methoden

Es gibt eine Anzahl physikalischer Eigenschaften von Luft-Wasserdampf-Gemischen, die die Ermittlung der relativen oder absoluten Luftfeuchtigkeit erlauben. Eine davon ist der Taupunkt, welcher an Hand der Dampfdruckkurve des Wassers den absoluten Wasserdampfdruck in der Luft angibt. Diese Methode wird für Sorptionsmessungen jedoch relativ selten angewendet. Der Grund dafür liegt wohl darin, daß niedrige Dampfdrücke mit entsprechenden Taupunkten unter $t = 0\,°C$ nur mit erheblichem experimentellem Aufwand exakt bestimmt werden können.

Eine solche Apparatur und ihre Handhabung wurden von McBain und Mitarbeitern [264, 265] in Zusammenhang mit der Untersuchung der Hydratation von Seifen bei erhöhten Temperaturen beschrieben.

Eine ähnliche Apparatur wurde von Görling [244] zur Bestimmung des Dampfdruckes von gesättigten Salzlösungen verwendet. Das Taupunktelement wird durch den seitlichen Tubus eines Exsikkators eingeführt, der die gesättigte Lösung enthält. Die Temperaturmessung erfolgt mit einem Kupfer-Konstanten Thermoelement.

Die Messung mit dem feuchten und trockenen Thermometer wird häufig in Trockungs- und Klimaanlagen zur Kontrolle der relativen Luftfeuchtigkeit verwendet. Die Methode wird in der Literatur über Wasserdampfsorption selten angetroffen und ist auf dynamische Sorptionsmessungen beschränkt.

Für Einzelheiten der Methodik sei auf die einschlägige Literatur verwiesen, z. B. [266, S. 467]. Eine genaue Tabelle zur Berechnung der relativen Luftfeuchtigkeit enthält das Handbook of Chemistry and Physics [267, S. 2314—2315].

Eine spezielle Anwendung der Methode zur exakten Bestimmung der relativen Luftfeuchtigkeit im Bereich zwischen $\varphi = 95$ und 100% beschrieben Monteith und Owen [268].

Der Gleichgewichtsdampfdruck eines wasserhaltigen Sorbens kann nach der sogenannten gravimetrischen Hygrometrie auch mit Hilfe einer Substanz bekannter Sorptionsisotherme bestimmt werden. Das Verfahren ist analog zur Angleichsmethode, nur wird hier das zu untersuchende Sorbens in großer Menge und die Hilfssubstanz in kleiner, zur Wägung eben hinreichender Menge angewendet. Diese letztere darf keine Hysteresis aufweisen und aus den im Abschnitt 3.1.1.1.1. erwähnten Gründen eignet sich hierzu Schwefelsäure am besten.

Collins und Menzies [83] haben diese Methode zur Untersuchung von Kristallhydrat-Gleichgewichten angewendet. Die Methode erlaubt die Arbeit auch bei Wasserdampfdrücken über 1 atm.

Die gravimetrische Ermittlung der Luftfeuchtigkeit wurde auch von Robinson [149] in seiner isopiestischen Apparatur angewendet, s. Abschnitt 3.1.3.1.2.

Eine Modifikation dieser Methode für visuelle Beobachtung ist die sogenannte Kristall-Zerfließmethode von Pouncy und Summers [269]. Verschiedene Kristallarten gut definierter hygroskopischer Punkte (relative Luftfeuchtigkeit über der gesättigten Lösung, s. Tab. 17–20) werden in einem Exsikkator neben dem Sorbens aufbewahrt. In wenigen Stunden weisen diejenigen Kristalle, deren hygroskopischer Punkt niedriger liegt als die Luftfeuchtigkeit über dem zu untersuchenden Sorbens, eine sichtbare Lösungsschicht auf. Somit kann der Gleichgewichtsdampfdruck des Sorbens beim betreffenden Wassergehalt rasch und mit einer Genauigkeit von etwa $\pm 0,05$ im relativen Wert bestimmt werden. Eine weitere Modifikation dieser Methode mit in Paraffin eingebetteten Kristallen wurde von Vas und Proszt [270] beschrieben.

Eine weitere Anwendung desselben Prinzips stellt die Methode von Kvaale und Dahlhoff [271] dar. Kleine Papierstreifen werden in die Lösungen von Salzen mit verschiedenen hygroskopischen Punkten getaucht und getrocknet. Wenn diese im geschlossenen Raum über eine Schicht der zu untersuchenden Substanz gelegt werden, färben sich diejenigen Streifen bald dunkel, auf welchen die Kristalle infolge Überschreitung des hygroskopischen Punktes in Lösung gegangen sind.

3.3. Spezielle Methoden

Die bisher besprochenen Verfahren der Wasserdampf-Sorptionsmessungen sind in einem weiten Bereich der relativen Dampfdrücke anwendbar, versagen jedoch meistens unter extremen Bedingungen, wie sehr hohe und sehr niedrige Dampfdrücke. Für Untersuchungen in diesen Gebieten sind spezielle Methoden erforderlich, die in diesem Abschnitt kurz erläutert werden. Extreme Temperaturen werden dabei nicht berücksichtigt, weil zahlreiche Apparaturen die Arbeit außerhalb des Bereiches von $t = 0\ °C-100\ °C$ ohne besondere Konstruktionsänderungen erlauben. Auf diese Möglichkeit wurde bei der Beschreibung der einzelnen Apparaturen hingewiesen.

3.3.1. Methoden für sehr hohe relative Dampfdrücke

Die Arbeit bei sehr hohen relativen Dampfdrücken ist erschwert durch die Einflüsse äußerer Faktoren auf den relativen Dampfdruck, die im Abschnitt 2.3.3. erörtert wurden. Die experimentellen Schwierigkeiten sind umso größer, je steiler die Sorptionsisotherme in der Nähe des relativen Dampfdruckes von 1 verläuft. Besonders störend wirken sich Temperaturschwankungen aus, so daß extreme Ansprüche an die Thermostaten gestellt werden. Außerdem muß für möglichst wirksamen Stofftransport gesorgt werden, da sonst die Gleichgewichtseinstellung zu lange dauert.

Unter den fraglichen Bedingungen sind zwei verschiedene Sorptionsmessungen möglich:

1. Die Bestimmung der Sorptionsisotherme bei sehr hohen relativen Dampfdrücken

2. Die Bestimmung der Menge des gebundenen Wassers bei $p/p_o = 1$.

3.3.1.1. Methoden zur Bestimmung der Sorptionsisotherme bei sehr hohen relativen Dampfdrücken

Die Teilstrecke der Sorptionsisotherme bei sehr hohen relativen Dampfdrücken kann nach einer der vorhergehend besprochenen Methoden direkt oder nach verschiedenen indirekten Methoden bestimmt werden. Diese beruhen auf der Messung einer anderen Eigenschaft des Festkörper-Wasser-Systems, als des Dampfdruckes, die aber auch eine eindeutige Funktion der Zusammensetzung der kondensierten Phase ist. Unter den indirekten Methoden stehen die Gefrierpunktsmethode und die Methode des hydrostatischen Zuges an erster Stelle.

3.3.1.1.1. Die direkte Bestimmung der Sorptionsisotherme

Wenn die Sorptionsisotherme nach einer Methode der vorherigen Abschnitte bestimmt wird, müssen die speziellen Anforderungen bezüglich Temperaturkonstanz und Stoffzufuhr berücksichtigt werden. ASHPOLE [*73*] hat zum Beispiel eine Apparatur für sehr hohe relative Dampfdrücke mit der Zufuhr des Wasserdampfes zum Sorbens von einer großen feuchten Oberfläche bei sehr kurzem Diffusionsweg und mit auf etwa $\pm$ 0,001 °C konstant gehaltener Temperatur entwickelt. Die Einstellung des Wasserdampfdruckes erfolgt durch die Vermittlung einer Cellophanfolie, welche das Sorbens von der Konditionierungsflüssigkeit trennt. Die Angleichszeiten betragen meistens 1—2 Tage. Die Methode gibt zuverlässige Resultate bis zum $p/p_0 = 0,997$, worüber das Gewicht des Sorbens infolge direkter Kondensation keinen konstanten Wert mehr erreicht.

3.3.1.1.2. Die Gefrierpunktsmethode

Wasser in gebundenem Zustand hat einen niedrigeren Gefrierpunkt als in reinem Zustand. Bei der Temperatur, bei welcher sich Eiskristalle in einer Lösung oder in einem Festkörper-Wasser-System zu bilden beginnen, ist die thermodynamische Aktivität des Eises und des flüssigen (unterkühlten) Wassers gleich. Nach LEWIS und RANDALL [*2*, S. 284] besteht zwischen Aktivität des Wassers und der Gefrierpunktserniedrigung folgende Beziehung:

$$\log a = -0{,}004211 \Delta T_{\mathrm{f}} - 0{,}0000022 \Delta T_{\mathrm{f}}^2 \tag{39}$$

worin a = Aktivität des Wassers
         ΔT_{f} = Gefrierpunktserniedrigung.

Für praktische Berechnungen steht die halbempirische Gleichung von WASHBURN [*19*, S. 562] zur Verfügung:

$$\log\frac{p_0}{p_E} = \frac{1,1489\,t}{273,1 + t} - 1,330\,(10^{-5}\,t^2) + 9,084\,(10^{-8}\,t^3) \qquad (40)$$

mit p_0 = Dampfdruck des Wassers
    p_E = Dampfdruck des Eises
    t = Temperatur in °C.

Für ein breiteres Temperaturgebiet soll sich die Formel von PURI und Mitarbeitern [272] eignen:

$$-\ln\frac{p_E}{p_0} = 0,9686\cdot10^{-2}\,\Delta\,T_f - 0,56\cdot10^{-6}\,(\Delta\,T_f)^2 + 0,72\cdot10^{-8}\,(\Delta\,T_f)^3. \quad (41)$$

Tab. 23 zeigt den Dampfdruck des Eises und des unterkühlten Wassers sowie die daraus berechneten relativen Dampfdrücke des Eises im Gebiet von $t = 0$ °C bis -50 °C.

Tabelle 23. *Relativer Dampfdruck des Eises*

Temperatur °C	Dampfdruck des Eises mm Hg	Dampfdruck des Wassers mm Hg	Relativer Dampfdruck des Eises
0	4,579	4,579	1
−0,1	4,542	4,546	0,9991
−0,2	4,504	4,513	0,9980
−0,5	4,395	4,416	0,9952
−1,0	4,217	4,258	0,9904
−2,0	3,880	3,956	0,9808
−5,0	3,013	3,163	0,9526
−10	1,950	2,149	0,9070
−20	0,776	0,9428	0,8238
−30	0,2859	0,3855	0,7418
−40	0,0966	0,1418	0,6812
−50	0,02955	0,04748	0,6223

Aus der Tab. 23 geht hervor, daß die Erniedrigung der Temperatur eines Festkörper-Wasser-Systems einem nichtisothermen Desorptionsprozeß entspricht. Beim Abkühlen werden dem Sorbens immer größere Wassermengen entzogen und in den festen Zustand übergeführt. Es ist verständlich, daß das sorbierte Wasser keinen definitiven Gefrierpunkt hat und daß es mit zunehmender Bindungsenergie bei immer tieferen Temperaturen gefriert. Dies wurde neuerdings mit Hilfe von Kernresonanzspektren an Silicagel bewiesen [273]. Ein Teil des Wassers friert sogar bei $t = -100$ °C nicht aus.

Wenn man also den jeweiligen Gefrierpunkt des gerade auskristallisierenden Eises als Funktion des sorbierten Wassers bestimmen kann,
ergibt sich nach obigen Überlegungen eine der Sorptionsisotherme ähnliche Beziehung. Sie ist keine echte Isotherme, da die sorbierte Menge als
Funktion der Aktivität des Wassers bei sinkender Temperatur angegeben
wird. Die Umrechnung auf eine bestimmte Temperatur ist allerdings
nach einer der Methoden des Abschnittes 3.1.1.1.3. möglich.

Die größte experimentelle Schwierigkeit bei solchen Arbeiten liegt
darin, daß sich das Wasser in den Poren der festen Sorbentien sehr leicht
unterkühlen läßt. Ein Gefrieren der ersten Wassermengen läßt sich
meist erst unter etwa $t = -4\ °\mathrm{C}$ erzwingen, d. h. unterhalb von $p/p_0 =$
0,96.

PRESTON und TAWDE [274] haben eine Methode zur Bestimmung des
Gefrierpunktes vom Wasser in Textilmaterialien ausgearbeitet. Etwa
4 g der befeuchteten Fasern werden in einem Dewar-Gefäß mit Hilfe von
Aceton-Trockeneis-Kühlmischung von außen langsam abgekühlt. Die
Temperatur des Sorbens wird mit einem Thermistor auf $\pm 0,01\ °\mathrm{C}$ genau
gemessen. Die Abkühlungsgeschwindigkeit weist beim Einsetzen der Phasenänderung eine plötzliche Abnahme auf, wodurch sich die Bildung der
ersten Eiskristalle anzeigt. Mit Proben von verschiedenen Wassergehalten können ganze Wassergehalt-Gefrierpunkt-Kurven aufgenommen
werden, wie die Abb. 44 zeigt.

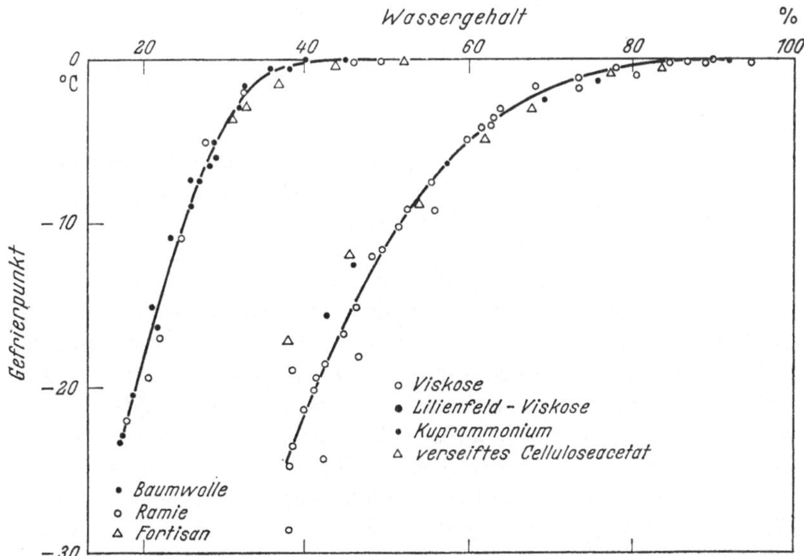

Abb. 44. Gefrierpunkt des Wassers als Funktion der sorbierten Wassermenge in
verschiedenen Textilfasern

3.3.1.1.3. Die Methode des hydrostatischen Zuges

Durch hydrostatischen Zug kann der Dampfdruck des Wassers herabgesetzt werden. Der Zusammenhang zwischen Zug und relativem Dampfdruck wird durch die Gl. 9, Abschnitt 2.2.2.3.2. beschrieben, wenn der Ausdruck $(P - p_o)$ negatives Vorzeichen hat [275]. Legt man einen hydrostatischen Zug an einen Festkörper mit Wasser gefüllten Kapillaren an, so gibt das System so viel Wasser ab, bis die Zusammensetzung demjenigen Punkt der Sorptionsisotherme entspricht, welcher zum durch den gegebenen Zug bestimmten relativen Dampfdruck gehört.

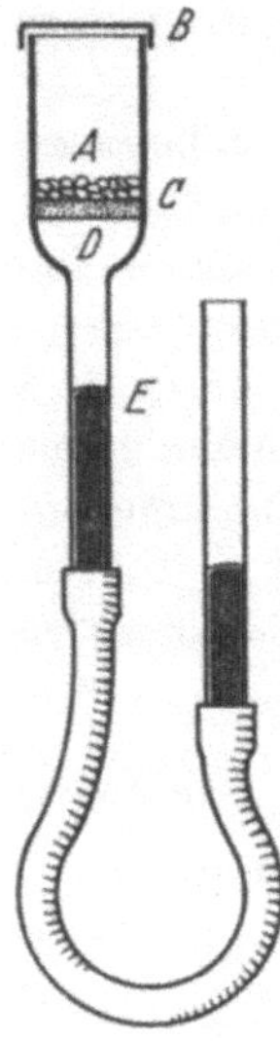

Abb. 45. Sorptionsapparatur nach der Methode des hydrostatischen Zuges

A	Sorbens	D	mit Wasser gefüllter Zwischenraum
B	Deckel	E	Quecksilbermanometer
C	Glasfritte		

Durch Variierung des hydrostatischen Zuges und Messung des jeweiligen Gleichgewichtswassergehaltes kann somit die Sorptionsisotherme bei sehr hohen relativen Dampfdrücken bestimmt werden. Die Messung läßt sich mit Hilfe der sog. Methode der porösen Platte durchführen. Der Apparat besteht aus einer porösen Platte, wie z. B. einer Glasfilternutsche, die mit einem Quecksilberniveaugefäß verbunden ist. Dieses System dient zur Erzeugung des variablen hydrostatischen Zuges und gleichzeitig als Manometer. Das Porensystem der Fritte wird mit Wasser gefüllt und kann durch Senkung des Quecksilberniveaus unter bestimmten Zug gesetzt werden. Dieser kann so lange gesteigert werden, bis die dadurch bewirkte Erniedrigung des Dampfdruckes derjenigen der größten

Kapillare entspricht. In diesem Moment beginnt sich diese Kapillare mit Luft zu füllen. Der entsprechende Zug ist der sogenannte Luft-Eintrittszug, engl. entry suction, der betreffenden Platte.

Wird nun eine mit Wasser überflutete Sorbensschicht auf die Platte gelegt, so läßt sich der hydrostatische Zug auf dieses System übertragen. Solange der Kontakt zwischen den Kapillarsystemen der Fritte und des Sorbens erhalten bleibt und der Zug den Luft-Eintrittszug der Platte nicht unterschreitet, können der relative Dampfdruck des Wassers und der Wassergehalt des Sorbens variiert und in sukzessiven Gleichgewichtszuständen bestimmt werden. Wie aus der Gl. 7 ersichtlich ist, kann man auf diese Weise relative Drücke zwischen $p/p_0 = 1$ und 0,999 mit Zugen zwischen 0 und 1 atm einstellen. Die Methode gestattet also den sonst schwer zugänglichen obersten Teil der Sorptionsisotherme aufzunehmen. Eine praktische Ausführung dieser Apparatur stammt von PRESTON und NIMKAR [276], s. Abb. 45.

Aus der Differenz des Quecksilberniveaus in den beiden Schenkeln des Differentialmanometers kann der Zug unter Berücksichtigung der Höhe der Wassersäule berechnet werden. Der Wassergehalt des Sorbens kann durch rasches Einwägen in Wägegläser und Trocknen bestimmt werden.

Sorptionsisothermen, die auf diese Weise aufgenommen wurden, sind in der Abb. 46 wiedergegeben.

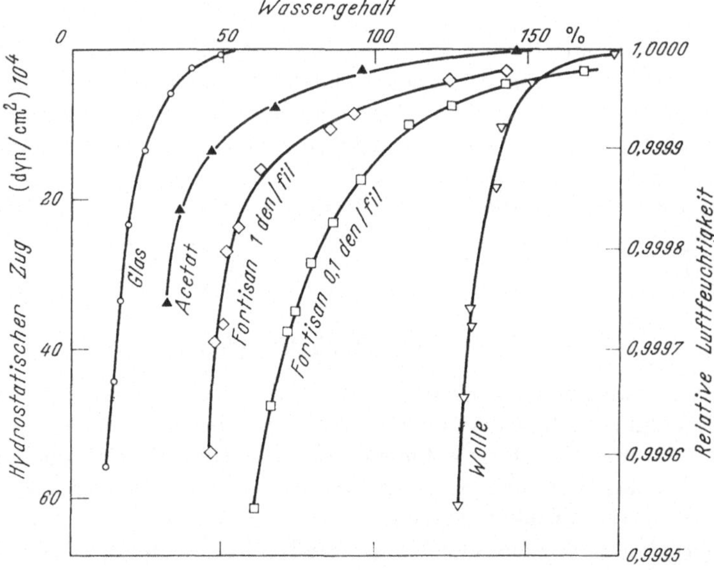

Abb. 46. Sorptionsisothermen von Textilfasern nach der Methode der porösen Platte

In einer modifizierten Apparatur wird ein poröser Porzellanzylinder an Stelle der Fritte verwendet. Auf diesen werden die zu untersuchenden Fasern aufgewickelt. Diese Apparatur hat wegen der großen Oberfläche und den kurzen Strömungswegen den Vorteil der rascheren Gleichgewichtseinstellung.

Ein weiteres Gerät, das Tensiometer, wird bei Erdbodenuntersuchungen zur Bestimmung der Beziehung zwischen Wassergehalt und hydrostatischem Zug verwendet. RICHARDS [277] beschreibt die Anwendung und das Meßprinzip dieser Apparate, bei denen die poröse Platte zu einer Kugel ausgebildet ist. Kommt die Kugel mit einem Medium in Berührung, welches einen kleineren relativen Dampfdruck als $p/p_0 = 1$ aufweist, so wirkt sich dies wie ein entsprechender Zug auf das Wasser in der Kugel aus. Der negative Druck kann am Quecksilbermanometer abgelesen werden. Der Meßbereich solcher Instrumente geht im allgemeinen von $-P = 0$ bis etwa 0,85 atm, da der Lufteintrittszug der porösen Schalenmaterialien etwa 1 atm beträgt. Dies entspricht einem relativen Dampfdruck von $p/p_0 = 1$ bis 0,9994 bzw. einem Bereich der Kapillarradien von $r = \infty$ bis etwa 10^{-4} cm. Spezielle Geräte mit Druckkammer und poröser Membrane gestatten den Meßbereich bis auf $-P = 100$ atm auszudehnen, was einem relativen Dampfdruck von 0,94 entspricht. Die Konstruktion einer Apparatur für hydrostatische Züge bis zu $-P = 1500$ atm wurde kürzlich von PENNER [278] veröffentlicht.

Eine andere Ausführung der Methode der porösen Platte dient zur Untersuchung der Sorptionseigenschaften von Ziegelsteinen und Formlingen der Zementindustrie [279]. Sie bedient sich poröser Unterlagen, die in einem geschlossenen Raum verschieden tief in Wasser getaucht sind. Der hydrostatische Zug an der Oberfläche dieser Unterlagen ist durch die Höhendifferenz zur Wasserfläche gegeben und kann durch Kombination der Gl. 9 und 23 berechnet werden.

Auf die eben geschliffenen Oberflächen werden die wassergesättigten Prüflinge aufgelegt und nach der Gleichgewichtseinstellung gewogen und getrocknet.

3.3.1.1.4. Weitere indirekte Methoden

Aus Messungen an zahlreichen quellbaren Körpern ist es bekannt, daß die Volumzunahme der kondensierten Phase im Gebiet hoher relativer Wasserdampfdrücke dem Volumen des sorbierten Wassers gleich ist. Wird also das Volumen eines quellbaren Körpers als Funktion des relativen Dampfdruckes bestimmt, so kommt dies der Aufnahme der Sorptionsisotherme gleich. An Stelle der Volumänderung kann in gewissen Fällen auch die Änderung einer einzigen Dimension des Körpers bestimmt und daraus auf den Verlauf der Isotherme geschlossen werden. Es muß allerdings berücksichtigt werden, daß die Quellung der meisten Sorbentien anisotrop verläuft.

Mikroskopische Messungen der Dimensionsänderung eher qualitativer Art wurden z. B. an Stärke [280], Seide [281], Baumwolle [282] und verschiedenen Textilfasern [283] durchgeführt.

Die Konstruktion und Arbeitsweise eines sogenannten Hygroexpansometers für die Messung der Dimensionsänderung von Kunststofffilmen als Funktion des Wassergehaltes wurde von YANO [284] veröffentlicht.

Ein anderes Verfahren für solche Zwecke ist die Methode des hydrostatischen Druckes. Wird ein nichtstarres Festkörper-Wasser-System unter Druck gesetzt, so verläßt ein Teil des Wassers das Sorbens. Dieser Vorgang weist gewisse Ähnlichkeit zu einem Desorptionsprozess auf. MACEY [285, 286] hat das Verhalten plastischer Tonerdemassen nach diesem Verfahren eingehend untersucht. Seine Apparatur ist eine hydraulische Presse mit freiem Abfluß für die ausgepreßte Flüssigkeit. Das Sorbens kann mit Drücken bis zu $P = 68 \text{ kg/cm}^2$ (1000 lb. per sq. in.) belastet werden. Das Gleichgewicht wird nach jeder Änderung des Druckes in weniger als 20 Min erreicht. Danach wird das Sorbens in Form eines Preßkuchens zur Bestimmung des Wassergehaltes aus dem Apparat entfernt.

Ein eindeutiger Zusammenhang zwischen diesen Gleichgewichtswassergehalten und der Sorptionsisotherme besteht nicht, da das in der Sorption maßgeblich beteiligte Kapillarsystem des Sorbens durch den Druck verändert wird. Trotzdem fand GÖRLING [244] nach diesem Verfahren Wassergehalte bei Kartoffelstücken, welche die auf anderem Weg bestimmte Sorptionsisotherme gegen hohe relative Dampfdrücke fortsetzen.

Sorbiertes Wasser kann teilweise auch durch Zentrifugieren aus dem Sorbens entfernt werden. Die Entleerung der Kapillaren von starren porösen Sorbentien unter dem Einfluß eines Zentrifugalfeldes wurde von BARKAS [287] theoretisch behandelt. Ebenda findet sich ein Ansatz über den Einfluß der Zentrifugalkraft auf den Dampfdruck des sorbierten Wassers in quellbaren Körpern. Für experimentelle Einzelheiten s. Abschnitt 3.3.1.2.2.

3.3.1.2. Methoden zur Bestimmung der Menge des gebundenen Wassers bei $p/p_0 = 1$

Bei der Untersuchung der Wechselwirkungen zwischen festen Körpern und Wasser kommt dem Begriff des gebundenen Wassers eine große Bedeutung zu. Das Wasser kann als gebunden betrachtet werden, wenn seine partielle molare freie Enthalpie in Berührung mit einem Festkörper kleiner ist als in reinem Zustand bei gleicher Temperatur. Dies ist gleichbedeutend damit, daß das gebundene Wasser einen niedrigeren Dampfdruck aufweist als das freie Wasser.

Definitionsgemäß versteht man unter gebundenem Wasser diejenige minimale Wassermenge, die vom Festkörper im Gleichgewicht mit $p/p_0 = 1$ festgehalten wird. Die Beschränkung auf die minimale Menge ist deshalb wichtig, weil sonst die Zusammensetzung der kondensierten Phase bei $p/p_0 = 1$ undefiniert ist.

Wasserlösliche Substanzen, wie unbegrenzt quellbare Körper oder übersättigte Lösungen, bzw. Sorbentien, die solche enthalten, nehmen naturgemäß unendlich viel Wasser im Gleichgewicht mit dem relativen Druck von 1 auf.

Zur Bestimmung des gebundenen Wassers werden neben direkten Methoden auch zahlreiche indirekte Methoden angewendet. Die meisten beruhen auf der Untersuchung der Änderung einer Eigenschaft des Festkörper-Wasser-Systems beim langsamen Wasserentzug. Die untersuchte Eigenschaft ändert sich proportional dem Wassergehalt oder der Zeit, solange freies Wasser vorhanden ist. Beim weiteren Wasserentzug treten immer größere Abweichungen von der Proportionalität auf, was die Abwesenheit von freiem Wasser anzeigt. Der Übergang zwischen freiem und gebundenem Wasser vollzieht sich nie sprunghaft, so daß möglichst viele Punkte der untersuchten Funktion im kritischen Gebiet mit großer Präzision aufgenommen werden müssen.

3.3.1.2.1. Direkte Methoden

Für die Bestimmung der Menge des gebundenen Wassers an wasserunlöslichen Körpern ist die einfachste Methode das direkte Eintauchen ins reine Wasser. Eine Gleichgewichtseinstellung durch die Gasphase ist wegen der sehr langen Angleichszeiten nicht zu empfehlen. Außerdem ist die Aktivität des Wassers in der flüssigen Phase immer 1, was auf die Gasphase auch über reinem Wasser nur unter ganz speziellen Bedingungen zutrifft. Nach Erreichen des Gleichgewichtes werden die Probenstücke aus dem Wasser entfernt, vom haftenden Wasser befreit und rasch gewogen. So wurden z. B. Leder [288] und viele andere Sorbentien [289], darunter auch pulverförmige auf ihre sogenannten Quellungsmaxima untersucht. Ähnlich verfährt man bei der Untersuchung von Baumaterialien wie Ziegeln [290] und Zement [279].

3.3.1.2.2. Verschiedene indirekte Methoden

Nach dem eingangs geschilderten Verfahren des langsamen Wasserentzuges wurden zahlreiche Eigenschaften von einigen Festkörper-Wasser-Systemen untersucht. So wurde z. B. die Trocknungsgeschwindigkeit [291], die Dimension des Sorbens [292] und vieles andere als Anzeige des Überganges vom Zustand mit überschüssigem Wasser in den mit Wasser gerade gesättigten Zustand bestimmt.

Besonders eingehend wurde der sogenannte Fasersättigungspunkt von Holz untersucht. Eine umfangreiche Arbeit von STAMM [293] zeigt die große Zahl und Verschiedenheit der verwendeten Methoden sowie den Grad der Übereinstimmung der Ergebnisse am Holz der Sitka Fichte. CHESHIRE und HOLMES [294] haben die maximale Wasserbindung vom Leder nach verschiedenen Methoden bestimmt.

In einzelnen Fällen wird die gebundene Wassermenge durch Extrapolation der Sorptionsisotherme auf $p/p_0 = 1$ bestimmt [295]. Dieses Verfahren ist jedoch mit großen Unsicherheiten behaftet, und zwar auch dann, wenn die Extrapolation mit Hilfe von Näherungsformeln analytisch durchgeführt wird [296, 275].

Wie im Abschnitt 3.3.1.1.2. erläutert wurde, läßt sich das freie Wasser vom gebundenen in einem Festkörper-Wasser-System auch an Hand der Gefrierpunktserniedrigung unterscheiden. Es ist allerdings zu beachten, daß das Ausfrieren des freien Wassers in den Poren der festen Sorbentien infolge Unterkühlung meistens nicht bei $t = 0\ °C$, sondern erst bei tieferen Temperaturen beendet wird. Man wählt daher willkürlich eine Temperatur, die als Grenze zwischen dem Gefrierpunkt des freien und des gebundenen Wassers angesehen wird. Diese Temperatur wurde von MAGNE und SKAU [297] auf $t = -4{,}5\ °C$ und von FOOTE und SAXTON [298] auf $t = -6\ °C$ festgesetzt.

Methodisch kann das Gefrieren dilatometrisch [298, 299, 300, 301], kalorimetrisch [297] und durch Verfolgung der Abkühlungsgeschwindigkeit [274] erfaßt werden.

Eine der gebräuchlichsten Methoden zur Bestimmung des maximalen Wasserbindungsvermögens fester Sorbentien ist die Zentrifugenmethode. Eine frühe und sehr eingehende Untersuchung der Phänomene bei der Ausschleuderung wasserhaltiger Sorbentien stammt von BANCROFT und CALKIN [302]. In neuerer Zeit wurde die Methode von WELO und Mitarbeitern [303] überprüft. ASHPOLE [73] benützte die Methode bei der Untersuchung von Viskose bei sehr hohen relativen Dampfdrücken. Das faserige Sorbens wird in einem Zentrifugenrohr über Wasser während 5 Min bei 1000 facher Erdbeschleunigung zentrifugiert. Diese empirische Methode gibt sehr ähnliche Resultate wie die direkte Bestimmung der Gleichgewichtswassergehalte nach der Angleichsmethode und kann als Standardmethode zur Bestimmung des maximalen Wasserbindungsvermögens solcher Materialien betrachtet werden.

Ähnlich verfuhren CLARK und PRESTON [304] mit einem speziellen Einsatzrohr, in welchem die Fasern frei ausschwingen können. Die Methode wurde auch bei höheren Temperaturen bis $t = 100\ °C$ hinauf benutzt.

Schließlich wird das Wasserbindevermögen von Fleisch und Fleischwaren für praktische Zwecke nach der Methode des hydrostatischen Druckes bestimmt [305], vgl. Abschnitt 3.3.1.1.4.

3.3.2. Methoden für sehr niedrige relative Wasserdampfdrücke

Die Untersuchung der Wasserdampfsorption von festen Sorbentien bei sehr kleinen relativen Dampfdrücken ist erschwert dadurch, daß die sorbierten Mengen meist sehr gering sind. Im allgemeinen wird hierzu eine gravimetrische Methode mit einer eingebauten empfindlichen Waage angewendet. Die Dosierung des Wasserdampfes erfolgt am besten nach dem manometrischen Prinzip. Ist das Volumen der Gasbürette im Vergleich zum freien Volumen des Sorbensbehälters klein oder wird das im Abschnitt 3.2.1.2. beschriebene Teilungsverfahren angewendet, so können beliebig kleine Sorbatmengen mit hoher Präzision dosiert werden. Am einfachsten lassen sich jedoch solche niedrige relative Wasserdampfdrücke mit Hilfe eines Kryostaten einstellen.

Im weiteren werden zwei spezielle Arten von Sorptionsmessungen besprochen, nämlich

1. Die Bestimmung des Gleichgewichts-Wasserdampfdruckes von Trocknungsmitteln

2. Die Bestimmung des Gewichtes von festen Körpern bei $p/p_o = 0$.

3.3.2.1. Die Bestimmung des Gleichgewichts-Wasserdampfdruckes von Trocknungsmitteln

Für diesen Zweck haben BAXTER und WARREN [306] die sogenannte dynamische Anreicherungsmethode ausgearbeitet, die sich häufiger Anwendung erfreut. Eine bestimmte Menge von trockener Luft wird mit Hilfe eines Aspirators durch das Sorbens gesogen und ihr Wassergehalt durch Adsorption an Phosphorpentoxid gravimetrisch ermittelt.

Nach dieser Methode wurde der Gleichgewichtsdruck von einigen Ca- und Zn-Halogeniden [306] und von Alkalihydroxiden [307] bestimmt.

Eine interessante Modifikation der Methode wurde von BOWER [308] beschrieben. Hier werden mehrere U-Rohre hintereinander geschaltet, die verschiedene Trocknungsmittel in der Reihenfolge abnehmender Wasserdampfteildrücke enthalten. Der Restwassergehalt der Luft im Gleichgewicht mit dem Trocknungsmittel eines bestimmten U-Rohres ist gleich der Summe der Gewichtszunahmen aller nachfolgenden U-Rohre.

3.3.2.2. Die Bestimmung des Gewichtes von festen Körpern bei $p/p_o = 0$

Bei Zimmertemperatur und dem relativen Dampfdruck $p/p_o = 0$ geben die festen Stoffe alles sorbierte Wasser ab. Dieser Zustand ist jedoch aus verschiedenen Gründen sehr schwer zu verwirklichen. Die

Gleichgewichtseinstellungen sind meistens sehr langsam infolge der stark verminderten Beweglichkeit der Wassermoleküle in den nahezu wasserfreien Sorbentien. Um rascher zum Ziel zu kommen, werden meistens erhöhte Temperaturen angewendet. Bei der Wahl der Temperatur soll darauf geachtet werden, daß keine thermischen Reaktionen stattfinden und daß das chemisch gebundene Wasser nicht abgegeben wird. Zur Beschleunigung des Stoffaustausches dient oft auch die Evakuierung des Trocknungsraumes.

Diese Aspekte der Trockensubstanzbestimmung wurden kürzlich von SCHAUSS [309] eingehend diskutiert. Frühere Untersuchungen in diesem Sinne stammen von ROBERTS [310] sowie DOWNES und NORDON [311]. All diese Arbeiten zeigen, daß die Trocknung im gewöhnlichen atmosphärischen Trockenschrank zu einem Gleichgewicht zwischen Sorbens und der atmosphärischen Luftfeuchtigkeit führt die bei der Temperatur des Schrankes einem relativen Dampfdruck in der Größenordnung von 0,01 entspricht. Ist die Sorptionsisotherme der zu untersuchenden Substanz bei der Trocknungstemperatur in diesem relativen Dampfdruckbereich bekannt, so kann der Restwassergehalt berechnet werden.

Eine wesentliche Verbesserung der Methode besteht darin, daß der Ofen mit vorgetrockneter Luft beschickt wird. Eine sehr oft angewendete andere Methode zur Bestimmung des Trockengewichtes von festen, temperaturempfindlichen Sorbentien, besonders von Proteinen, besteht in der Trocknung im Vakuum bei mäßig erhöhter Temperatur und in Gegenwart von wirksamen Trocknungsmitteln.

Eine sehr eingehende Untersuchung der Trockensubstanzbestimmung an Rutin* nach acht verschiedenen Verfahren wurde von NAGHSKI und Mitarbeitern [312] durchgeführt. Als sehr wirksames Verfahren ergab sich die Trocknung bei $t = 125\ ^\circ\mathrm{C}$ während 16 Std mit strömender vorgetrockneter Luft. HERMANS [196, S. 200 ff.] empfiehlt für Cellulose die Trocknung zwischen $t = 100-115\ ^\circ\mathrm{C}$ im Vakuum mit Phosphorpentoxid oder bei Atmosphärendruck mit einem getrockneten Stickstoffstrom. Diese Methoden können als die geeignetsten für temperaturbeständige Sorbentien bezeichnet werden.

Ausführliche Abhandlungen über die Trockensubstanzbestimmung finden sich in den Büchern von MITCHELL und SMITH [313] und von LÜCK [252]. Über die Wassergehaltsbestimmung von Lebensmitteln nach verschiedenen Methoden berichten MOSSEL [314] und VAN DE KAMER [315]. ROTH [316] behandelt die Trockensubstanzbestimmung von organischen Stoffen im allgemeinen. Zahlreiche Beiträge zum selben Thema finden sich im kürzlich erschienenen Buch von WINN [317].

---

* 3,5,7,3′,4′-Pentahydroxyflavon-3-rutinosid.

3.3.3. Methode für Wasserdampfdrücke über $p = 1$ atm

NOACK [*318*] hat kürzlich eine Sorptionsapparatur zur Untersuchung der Sorptionseigenschaften von Holz bei Wasserdampfdrücken überhalb von $p = 1$ atm entwickelt. Das Sorbens befindet sich in einem kleinen Raum, dessen Temperatur auf Werte über $t = 100\ ^\circ\mathrm{C}$ eingestellt werden kann. Der Raum ist mit dem einen Schenkel eines Quecksilbermanometers verbunden, so daß das Sorbens direkt auf der Quecksilberoberfläche schwimmt. Der andere Schenkel des Manometers endet in einem Niveaugefäß, dessen Höhe variierbar ist und mit Hilfe eines Kathetometers genau bestimmt werden kann. Diese Anordnung erlaubt die Variierung und gleichzeitige Messung des Wasserdampfdruckes im Sorptionsraum. Durch sukzessive Komprimierung des Dampfes über dem Sorbens kann die Isotherme mit diesem Gerät im Temperaturgebiet bis zu $t = 160\ ^\circ\mathrm{C}$ und bei Drücken bis zu $p = 3{,}1$ atm bestimmt werden. Eventuelle Zersetzungen des Sorbens bei diesen hohen Temperaturen müssen durch Kontrollmessungen ermittelt und bei der Auswertung der Resultate berücksichtigt werden.

Sorptionsmessungen bei hohen Dampfdrücken und Temperaturen können auch mit Quarzfederwaagen durchgeführt werden. Hierzu ist die ursprüngliche Konstruktion von MCBAIN und BARK [*137*] besonders geeignet, bei welcher die Federwaage zusammen mit dem flüssigen Sorbat und dem Sorbens in das Gehäuserohr eingeschmolzen sind.

Eine weitere für solche Zwecke geeignete Methode findet sich im Abschnitt 3.2.2.2.4.

3.3.4. Die „graphische Interpolationsmethode" von LANDROCK und PROCTOR [*319*]

Diese Methode basiert auf dem von FUNK [*320*] formulierten Prinzip, wonach ein Sorbens in einer bestimmten Zeitspanne um so größere Gewichtsänderung erfährt, je weiter sein Gleichgewichts-Wasserdampfdruck von demjenigen der umgebenden Atmosphäre entfernt ist. Werden die Gewichtsänderungen des Sorbens in verschiedenen Atmosphären gegen den relativen Dampfdruck aufgetragen, so kann derjenige Dampfdruck graphisch ermittelt werden, welcher zur Gewichtsänderung 0 gehört und somit dem Gleichgewichtsdampfdruck des Sorbens entspricht.

Die Methode erfordert einen großen Arbeitsaufwand, liefert aber in kurzer Zeit, etwa innerhalb von 2 Std, einen annähernden Wert des Druckes des sorbierten Wassers.

Die graphische Interpolationsmethode wurde hauptsächlich zur Untersuchung von Lebensmitteln [*321*] angewendet. Die Übereinstimmung mit statischen Methoden wird als befriedigend bezeichnet.

3.3.5. Die automatische Methode von MAHLER

MAHLER [*322, 323*] hat kürzlich einen Apparat zur automatischen Aufzeichnung von Wasserdampfsorptionsisothermen beschrieben.

Durch kontinuierliche Änderung der Temperatur eines Wasserbehälters wird der Wasserdampfdruck im Sorptionsraum sehr langsam systematisch geändert und das Gewicht der Probe mit einer Elektrowaage registriert. Die Druckänderung muß so langsam erfolgen, daß die Einstellung des Sorptionsgleichgewichtes weitgehend gewährleistet ist. Die aufgezeichnete Kurve gibt die zeitliche Gewichtszunahme der Probe wieder, und da die Temperaturänderung des Wasserbehälters mit der Zeit ebenfalls bekannt ist, ergibt sich auch die Sorptionsisotherme. Das Schaltschema ist in Abb. 47 wiedergegeben.

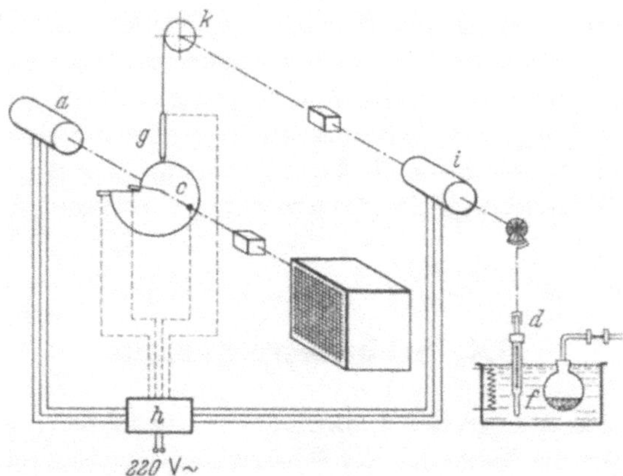

Abb. 47. Schaltschema der automatischen Sorptionsapparatur von MAHLER

Der Motor *a* bewegt das Papier und die Kurvenscheibe *c* mit konstanter Geschwindigkeit. Die Kurvenscheibe steuert das Kontaktthermometer *d* des Thermostaten *f*, in welchem sich das Wasserreservoir befindet. Das Kontaktthermometer wird mit Hilfe eines durch einen zweiten Servomotor *i* angetriebenen Zahnradgetriebes verstellt. Dieser zweite Motor wird über das Relais *h* durch den Kontaktstift *g* in dem Moment eingeschaltet, als er den Rand der Kurvenscheibe berührt. Der Stift wird aber durch die Seilrolle *k* von der Kurvenscheibe abgehoben, worauf der Motor *i* so lange stillsteht, bis der Kontakt wieder hergestellt ist. So wird die Einstellung des Kontaktthermometers in beliebig kleinen Sprüngen im Bereich von $t = -10°$ bis $+40\ °C$ verändert, was einem Dampfdruckbereich von $p = 2-60$ Torr entspricht.

Am Schluß des Adsorptionsversuches bewirkt ein Grenzkontakt die Umkehrung des Prozesses, und die Aufnahme der Desorptionsisotherme beginnt. Ein zweiter Grenzkontakt schaltet die Apparatur aus.

Es ist verständlich, daß der Gleichgewichtszustand auf diese Weise nie vollständig erreicht wird. Je langsamer die Isotherme aufgezeichnet wird, um so genauer ist sie. Nach einem Rechnungsverfahren, welches in der Originalarbeit angegeben ist, läßt sich eine totale Versuchsdauer berechnen, bei welcher der jeweilige Wassergehalt des Sorbens um weniger als 1% von dem Gleichgewichtswassergehalt abweicht.

Bei dieser Versuchsanordnung ist der Dampfdruck des Wassers eine exponentielle Funktion der Zeit. Bei der Aufnahme einer Adsorptionsisotherme ändert sich somit der relative Druck im System am Anfang langsam und in der Nähe von $p/p_0 = 1$ wesentlich schneller. Auch die Angleichszeiten bei gleichen Zustandsänderungen sind in den meisten Fällen vom betreffenden Dampfdruckbereich abhängig, in dem die Gleichgewichtseinstellung bei kleinen und bei hohen relativen Dampfdrücken langsamer erfolgt als im mittleren Druckbereich. Wenn diesen Faktoren bei der Konstruktion solcher Apparaturen Rechnung getragen werden kann, beispielsweise durch eine programmierte Steuerung der Temperaturerhöhung, welche den Angleichsgeschwindigkeiten angepaßt ist, so wird die automatische Methode bestimmt immer größere Bedeutung bei den Wasserdampf-Sorptionsmessungen erlangen.

3.4. Schlußbetrachtungen

Will man aus dem großen Informationsmaterial der vorhergehenden Abschnitte über die Methodik der Wasserdampfsorption einige Schlüsse zum heutigen Stand und zur möglichen Entwicklung dieser Meßtechnik ziehen, so ergeben sich folgende allgemeine Richtlinien. Die gravimetrische Technik überwiegt immer mehr, besonders seitdem die hochempfindlichen und registrierenden Elektrowaagen die Untersuchung von kleinsten Sorbensmengen unter sehr verschiedenen Bedingungen ermöglichen. Diese Methodik erlaubt eine wesentlich einfachere Arbeitstechnik als die herkömmliche volumetrische Methode bei etwa gleicher Empfindlichkeit. Die heute modernste Apparatur für Wasserdampf-Sorptionsmessungen besteht aus einer Elektrowaage, einem Ultrakryostaten und einem Hochvakuumpumpstand, welche Kombination nebst äußerster Vielseitigkeit die besten Voraussetzungen für eine weitgehende Automatisierung des Meßprozesses in sich vereinigt.

Andererseits ist die Quarzfederwaage nach wie vor ein beliebtes Instrument für Wasserdampf-Sorptionsmessungen infolge ihrer sehr einfachen Handhabung und Vielseitigkeit in bezug auf die Konstruktion der Apparatur. Sie läßt sich leicht auch für die Untersuchung mehrerer Proben unter Verwendung eines einzigen Kathetometers ausbauen. Mit

Quarzfederwaagen können Sorptionsmessungen unter extremen Versuchsbedingungen, wie bei hohen Temperaturen und Wasserdampfdrücken, durchgeführt werden.

Die isopiestische und die Exsikkatormethode sind die leistungsfähigsten unter allen Sorptionsmethoden, bei denen sich Einfachheit der Apparatur mit kleinem Arbeitsaufwand kombiniert. Trotz meist langsamer Gleichgewichtseinstellung liegt die pro Zeiteinheit erhaltene Anzahl von Meßwerten wesentlich höher als bei den anderen Methoden. Besonders die Exsikkatormethode findet deshalb in den Industrielaboratorien zur Aufnahme von Sorptionsisothermen häufige Anwendung.

Der schnell zunehmende Einsatz von elektrischen Hygrometern bei Sorptionsmessungen ist eine der bedeutendsten Entwicklungen der letzten Jahre. Bequeme Bedienung und Registrierbarkeit der Resultate machen diese Geräte zum wichtigsten Instrument der industriellen Qualitätskontrolle und Prozeßüberwachung. Hauptsächliches Anwendungsgebiet der elektrischen Hygrometrie ist die schnelle Bestimmung der Gleichgewichtsluftfeuchtigkeit von getrockneten Lebensmitteln und anderer Erzeugnisse körniger, pulveriger oder pastöser Konsistenz.

Von den speziellen Methoden verdient die Methode des hydrostatischen Zuges besondere Erwähnung, welche sich zur Untersuchung von faserigen und kapillarporösen Substanzen bei den nach anderen Methoden schwer zugänglichen sehr hohen relativen Wasserdampfdrücken eignet. Sie ist die theoretisch bestfundierte spezielle Methode und erfordert keinen sehr großen experimentellen Aufwand.

Diese und weitere Aspekte der Beurteilung und Wahl der geeigneten Methode für Wasserdampf-Sorptionsmessungen sind im Anhang 2 tabellarisch zusammengestellt.

4. Kinetik der Wasserdampf-Sorptionsvorgänge

In diesem Kapitel wird der Zeitbedarf der Einstellung von Sorptionsgleichgewichten behandelt. Man betrachtet den Gleichgewichtszustand als erreicht, wenn sich die Meßgröße über ein hinreichendes Zeitintervall nicht stärker als um einen bestimmten Grenzwert ändert. Dieser Grenzwert ist in den meisten Fällen die Empfindlichkeit der Meßmethode selbst. In anderen Fällen wird das Gleichgewicht aus praktischen Gründen nicht abgewartet.

Die Geschwindigkeit eines Sorptionsvorganges ist von vielen Faktoren abhängig, unter anderem auch von der Konstruktion und den Dimensionen der Apparatur. Dies ist der Grund, warum nur wenige der zahlreichen kinetischen Untersuchungen über Wasserdampfsorption allgemeingültige Aussagen enthalten.

Der zeitliche Ablauf der Wasserdampfsorption ist das Resultat mehrerer Teilvorgänge des Stoff- und Wärmeaustausches zwischen Sorbens, Wasserdampfquelle und Thermostatenmedium, die sich neben- und hintereinander abspielen. Am Beispiel der Angleichsmethode können diese für einen Adsorptionsvorgang folgendermaßen gruppiert werden:

1. Stoffaustausch
1.1. Verdampfung des Wassers aus der Elektrolytlösung
1.2. Konzentrationsausgleich innerhalb der flüssigen Phase
1.3. Transport der Wassermoleküle zum Sorbens
1.4. Adsorption an der Oberfläche des Sorbens
1.5. Bewegung der Wassermoleküle innerhalb des Sorbens
2. Wärmeaustausch
2.1. Wärmetransport innerhalb der Sorbensphase und der Elektrolytlösung
2.2. Wärmeübertragung vom Sorbens auf die Umgebung und von der Umgebung auf die Elektrolytlösung
2.3. Wärmetransport zur und von der Wandung des Sorptionsraumes und Wärmeübertragung zwischen Sorptionsraum und Thermostatenmedium.

Je nach Sorbens, Methode und sonstigen Versuchsbedingungen können ein oder mehrere dieser Teilvorgänge fehlen oder sich geschwindigkeitsbestimmend auf die Gleichgewichtseinstellung auswirken.

Ein weiteres Merkmal der Sorptionsvorgänge ist, daß sich die in der Zeiteinheit bewegten Stoff- und Wärmemengen im Laufe der Gleichgewichtseinstellung ständig ändern, wodurch der Gesamtvorgang nichtstationär verläuft.

In dieser Beziehung können zwei Grenzfälle unterschieden werden. Im ersten wird der Wasserdampf sehr langsam zum Sorbens bzw. zu den aktiven Stellen innerhalb der kondensierten Phase transportiert, so daß die Sorptionswärme dauernd bei einem verschwindend kleinen Temperaturgefälle zwischen Sorbens und Umgebung abfließen kann. Die Sorption vollzieht sich unter annähernd isothermen Bedingungen.

Im anderen Falle ist der Wärmetransport der langsame Vorgang. Die Temperatur des Sorbens steigt zunächst infolge der freiwerdenden Sorptionswärme an. Die angrenzende Schicht der Gasphase nimmt nahezu die Temperatur der Sorbensoberfläche an, wodurch der relative Dampfdruck des Wassers in dieser Schicht absinkt, vgl. Abschnitt 2.3.3.2. Dies hat die Verlangsamung des Sorptionsvorganges zur Folge, und die Sorption kann nur so schnell weitergehen, wie sich das Sorbens abkühlt. Der Gesamtvorgang spielt sich anfänglich annähernd adiabatisch und später nach einem Abkühlungsgesetz ab.

Die einzelnen Teilvorgänge des Stoff- und Wärmeaustausches sind am genauesten bei der Trocknung fester Stoffe bekannt, s. KRISCHER [266]. Besonders die Gefriertrocknung weist gewisse Ähnlichkeiten zu den Sorptionsmessungen auf, indem das Wasser in einem nicht-stationären Prozeß, im Vakuum und größtenteils im hygroskopischen Gebiet des zu trocknenden Gutes entzogen wird. Theoretische Ansätze hierüber finden sich bei HARPER und TAPPEL [324], KESSLER [325] und MEFFERT [326].

Im folgenden werden gewisse durch das Sorbens und durch die Versuchsanordnung bedingte Faktoren der Einstellung von Sorptionsgleichgewichten erörtert. Aus dem Zeitbedarf des untersuchten Sorptionsvorganges ergeben sich weitere Gesichtspunkte für die Wahl der Meßmethode und der Apparatur. Im allgemeinen kann empfohlen werden, daß bei langsamen Gleichgewichtseinstellungen eine Methode zu wählen ist, die die gleichzeitige Untersuchung vieler Proben erlaubt. Auf diese Weise kann die lange Versuchsdauer durch das gleichzeitige Ansetzen von mehreren Proben kompensiert werden. Hierzu eignen sich die meisten diskontinuierlich arbeitenden Methoden sowie die Quarzfederwaage mit mehreren Federn. Für Sorptionsmessungen von schneller Gleichgewichtseinstellung ist eine Methode mit kontinuierlicher Beobachtung der Meßgröße vorzuziehen, die neben größerer Genauigkeit auch weitere Informationen über den Ablauf der Sorptionsvorgänge liefert.

Unter den geschwindigkeitsbestimmenden Faktoren der Wasserdampf-Sorptionsmessungen werden folgende berücksichtigt:

1. Struktur des Sorbens
2. Anwesenheit von Fremdgasen
3. Relativer Dampfdruckbereich
4. Temperatur
5. Wärmeaustauschvorgänge.

4.1. Einfluß der Struktur des Sorbens

Die Struktur des Sorbens und die dadurch bedingten Sorptionsmechanismen haben einen großen Einfluß auf den zeitlichen Ablauf der Sorptionsvorgänge. Weitaus am schnellsten werden Sorptionsgleichgewichte bei reiner Oberflächensorption erreicht. Es können in evakuiertem System ganze Sorptionsisothermen mit 25—30 Punkten innert 50 Stunden aufgenommen werden [327].

Sehr langsam verläuft hingegen die Gleichgewichtseinstellung an kapillarporösen Sorbentien von hydrophober Oberfläche wie Aktivkohle [328]. Bei diesen ist der geschwindigkeitskontrollierende Vorgang die Diffussion bzw. Oberflächenmigration in den Poren des Sorbens. KING und LAWSON [43] haben mit diesem Sorbens nach der gewöhnlichen Angleichsmethode einen Zeitaufwand von 1 bis 8 Monaten für einen Punkt der Sorptionsisotherme festgestellt. Als Erklärung hierfür erwähnten die Autoren die langsame Diffusion in den Poren sowie den Umstand, daß diese Diffusion gegen den Druck der anwesenden Luft stattfinden muß. DACEY und Mitarbeiter [329] haben allerdings mit diesem Sorbens in evakuiertem System Gleichgewichtseinstellungen von etwa 24 Std festgestellt.

Wesentlich schneller sorbiert Silicagel infolge seiner hydrophilen Oberfläche; im evakuierten System werden die Gleichgewichte innert 2—3 Std erreicht [330].

Bei quellbaren Körpern tritt parallel zum Sorptionsvorgang eine Strukturänderung ein, die manchmal langsamer ist als die Wasseraufnahme. Dies führt zu einer Änderung der sorbierten Wassermenge über längere Zeit auch nach einem scheinbaren Gleichgewicht. Ein Beispiel hierfür sind die Wollfasern, bei denen die Quellung der geordneten Strukturbereiche sich nicht so schnell vollziehen kann wie das Eindringen der Wassermoleküle. Die nachträgliche langsame Auflokkerung bzw. Reorientierung der Moleküle hat eine länger andauernde Wasseraufnahme zur Folge [331]. Dieser „zweiphasige" Mechanismus der Wasserdampfsorption wurde von NEWNS [332] auch an regenerierten Cellulosefasern beobachtet.

Mit diesen Erscheinungen hängt auch der Unterschied zwischen der sog. Integral- und Intervallsorption zusammen. Diese wurden bereits im Abschnitt 3.1.3.1.3. in Zusammenhang mit der Aufnahmetechnik von Sorptionsisothermen nach der Angleichsmethode erwähnt. Es gibt Sorbentien unter den quellbaren Körpern, bei denen der Gleichgewichtswassergehalt bei gegebenem relativem Dampfdruck davon abhängig ist, ob das Gleichgewicht von dem trockenen Zustand aus in einem einzigen Sprung oder über kleine Zwischengleichgewichte erreicht wird. Eine systematische Untersuchung dieses Phänomens bei Holz wurde von CHRISTENSEN und KELSEY [333] durchgeführt. Nach diesen Versuchen fallen die Wassergehalte in einem Integralsorptionsprozeß durchwegs höher aus als in der Intervallsorption. Die Autoren erklären dies durch den zweiphasigen Mechanismus der Sorption an diesem Sorbens. Die Sorptionsfront (vgl. Abschnitt 4.3.) tritt bei größeren Dampfdrucksprüngen stärker in Erscheinung. An der Grenzphase zwischen wasserreichen und wasserarmen Bezirken treten Scherkräfte auf, die die Reorientierung der Moleküle begünstigen und eine höhere Wasserbindung verursachen. Je größer die Dampfdrucksprünge sind, um so ausgeprägter ist dieser Effekt.

Die Integral- und Intervallsorption wurde zuerst von DOWNES und MACKAY [331] an Wolle studiert. Neuerdings hat WATT [334] die Realität des Effektes an diesem Sorbens in Frage gestellt.

Die zweite Form einer langsamen Strukturänderung ist im Gegensatz zur ersten eine Relaxation der Makromoleküle nach der Aufnahme von Wasser. Dabei werden die bei der Entwässerung entstandenen inneren Spannungen nach Wiederaufnahme von Wasser teilweise aufgelöst. Die Molekülsegmente finden langsam eine stabilere räumliche Anordnung, während ein Teil des anfänglich sorbierten Wassers wieder abgegeben wird. Die sorbierte Menge läuft als Funktion der Zeit über ein Maximum.

Diese Erscheinung wurde von WATT [207] und von WATT und ALGIE [335] an Wollfasern bei hohen relativen Dampfdrücken und von FORWARD und SMITH [336] an Nylon beobachtet.

Eine ähnliche Erscheinung tritt nach TAYLOR und Mitarbeitern [170, 188] bei Dextranen auf. Diese kristallisieren sogar während der Gleichgewichtseinstellungen bei hohen relativen Wasserdampfdrücken, etwa überhalb von $p/p_o = 0,85$, unter langsamer Abgabe eines Teiles des anfänglich sorbierten Wassers. Es wurden dabei Angleichszeiten von mehreren Wochen festgestellt.

Noch ausgeprägter kommen solche Änderungen in dem zeitlichen Ablauf der Gleichgewichtseinstellungen bei übersättigten Lösungen niedermolekularer Substanzen zum Ausdruck. Diese weisen in wasserarmem Zustand eine extrem hohe Viskosität auf. In erster Näherung kann eine umgekehrte Proportionalität zwischen Viskosität und Diffusionskonstante angenommen werden, woraus sich außerordentlich kleine Diffusionsgeschwindigkeiten ergeben. Bei der Zunahme des Wassergehaltes neigen solche Lösungen zum Kristallisieren, wobei das vorher sorbierte Wasser teilweise oder ganz wieder abgegeben wird. Sprühgetrocknetes Milchpulver weist eine normale Zeitkurve mit sehr langen Angleichszeiten unterhalb des relativen Dampfdruckes von 0,35 auf, weil die Laktose auch im Gleichgewichtszustand amorph bleibt. Bei $p/p_0 =$ 0,4—0,6 läuft dagegen der Wassergehalt als Funktion der Zeit durch ein Maximum, was auf dem Auskristallisieren des Zuckers beruht. Bei $p/p_0 = 0{,}75$ und darüber ist der Verlauf des Sorptionsvorganges wieder normal, weil hier die Kristallisation im Vergleich zur Gleichgewichtseinstellung an den übrigen Komponenten des Milchpulvers sehr schnell erfolgt [*337*].

4.2. Einfluß eines Fremdgases

Die Anwesenheit der Moleküle eines Fremdgases im Sorptionsraum setzt die Geschwindigkeit der Diffusion von Wassermolekülen herab. Die Beeinflussung hört allerdings auf, wenn der Teildruck des Fremdgases viel kleiner wird als der des Wasserdampfes. Der Einfluß von Luft auf die Geschwindigkeit von Sorptionsvorgängen an Silicagel wurde von PATRICK und COHAN [*330*] untersucht. Ihre Resultate werden durch die Abb. 48 veranschaulicht. In dieser ist die sorbierte Wassermenge bei $p = 4{,}6$ mm Hg und $t = 25$ °C in Abhängigkeit von der Zeit bei verschiedenen Luft-Teildrücken dargestellt.

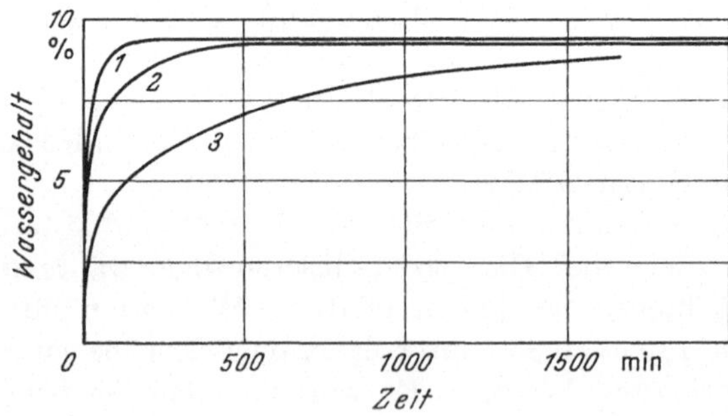

Abb. 48. Sorption des Wasserdampfes an Silicagel in Gegenwart von Luft

Kurve 1 = Teildruck der Luft kleiner als 0,5 mm Hg
Kurve 2 = Teildruck der Luft 1 mm Hg
Kurve 3 = Teildruck der Luft 3,6 mm Hg

Wie weitere Versuche bei Luftteildrücken bis $p = 2{,}4 \cdot 10^{-4}$ mm Hg bestätigt haben, übt der Teildruck der Luft unter den gegebenen Bedingungen unterhalb von $p = 0{,}5$ mm Hg keinen Einfluß mehr auf die Sorptionsgeschwindigkeit aus.

Eine weitere Untersuchung solcher Phänomene stammt von Timofeev und Kabanova [338]. Diese Autoren haben festgestellt, daß der Diffusionskoeffizient des Wasserdampfes in den sekundären Poren von granulierten synthetischen Zeolithen bei Gegenwart von Stickstoff etwa 3 bis 6 mal kleiner ist als im evakuierten System bei gleichem Wasserdampfteildruck.

Ähnliche Beobachtung stammt von Keenan und Mitarbeitern [164]. die in ihren Sorptionsuntersuchungen an Kaolinit in Vakuum Gleichgewichtseinstellzeiten von 12 Std festgestellt haben, während sich diese in Gegenwart von Luft von nur etwa 1 mm Hg Teildruck rund dreimal verlängerten.

4.3. Einfluß des relativen Dampfdruckbereiches

Die Geschwindigkeit der Gleichgewichtseinstellung bei Sorptionsmessungen ist stark vom relativen Dampfdruck abhängig. Es ist eine alte Erfahrung, daß der Zeitbedarf bei mittleren relativen Dampfdrücken am kleinsten ist.

Bei kleinen Werten des relativen Dampfdruckes, d. h. bei niedrigen Wassergehalten der kondensierten Phase sind die Diffusionsvorgänge innerhalb des Sorbens für den Zeitbedarf maßgebend. Diese sind in den engen Poren von starren Sorbentien und in quellbaren sowie glasigen Sorbentien besonders langsam. Hermans [196] hat festgestellt, daß die Einstellzeit von Sorptionsgleichgewichten an Cellulosefasern vom trokkenen Zustand aus bei $p/p_0 = 0{,}175$ rund 100 mal länger ist als bei $p/p_0 = 0{,}85$.

Eine allgemeine Eigenschaft der quellbaren Körper ist die ausgeprägte Abhängigkeit der Diffusionskonstante des Wassers vom jeweiligen Wassergehalt. Dies hängt in erster Linie mit der Abhängigkeit der Art der Wasserbindung vom relativen Druck zusammen. Eines der in dieser Hinsicht am besten untersuchten Systeme ist Stärke-Wasser [129, 339]. Der Diffusionskoeffizient ändert sich bei kleinen Wassergehalten logarithmisch und nimmt bei einer Steigerung des Wassergehaltes um 5 % auf etwa das 10fache zu. Bei höheren Wassergehalten nähert er sich einem konstanten Wert, der gleich dem Selbstdiffusionskoeffizienten des Wassers ist.

Ähnliche Verhältnisse herrschen im System Wolle-Wasser [207, 340]. Die Größenordnung der Diffusionskoeffizienten stimmt bei den beiden Systemen überein. Auch die Zeolithe zeigen ähnliches Verhalten [341, 342].

Diese Verhältnisse erklären den Umstand, daß die Penetration des Wassers bei solchen Sorbentien oft mit der Ausbildung einer „Front" verbunden ist [196, 341, 343, 344]. Kommt zum Beispiel eine relativ trockene Cellulosefaser in feuchte Atmosphäre, so stellt sich an der Oberfläche augenblicklich ein höherer Wassergehalt ein. Das Eindringen des Sorbates in das Innere des noch wasserarmen Sorbens geht nur langsam vor sich. Somit entsteht eine Front an der Grenze der beiden Teile des Sorbens, die sich langsam nach innen bewegt und optisch verfolgt werden kann.

Bei der Desorption kann eine solche Front nicht beobachtet werden, weil die Nachlieferung des Wassers von innen das Auftreten eines solchen scharfen Konzentrationsgefälles verhindert. Immerhin hat die äußere Schicht in diesem Fall einen niedrigeren Wassergehalt und wirkt hemmend auf das Einstellen des Gleichgewichtszustandes. Desorptionsgleichgewichte werden deshalb meistens wesentlich langsamer erreicht als Adsorptionsgleichgewichte. Dies kommt sehr deutlich in den langen Trocknungszeiten bei der Wassergehaltsbestimmung zum Ausdruck.

Bei hohen relativen Wasserdampfdrücken ist die zu einer kleinen Aktivitätsdifferenz gehörende Zunahme der sorbierten Wassermenge oft so groß, daß hier eine beträchtliche Verzögerung der Gleichgewichtseinstellung eintritt. Scott [71] hat zum Beispiel berechnet, daß der Wassergehalt von gewissen löslichen hochmolekularen Sorbentien bei einer Änderung des relativen Dampfdruckes von 0,78 auf 0,79 sich um 3 % erhöht, während die Zunahme bei einer Erhöhung des relativen Dampfdruckes von 0,98 auf 0,99 1050 % beträgt. Beide Wassergehaltsangaben beziehen sich auf Trockensubstanz. Wenn auch die Steigerung der Isotherme bei begrenzt quellbaren Körpern wesentlich flacher verläuft, so ist auch bei diesen eine merkliche Steigungszunahme in der Nähe von $p/p_0 = 1$ zu verzeichnen.

4.4. Einfluß der Temperatur

Alle Diffusionsvorgänge weisen einen positiven Temperaturkoeffizienten auf. Sorptionsgleichgewichte können deshalb bei quellbaren Körpern und bei glasigen Sorbentien, bei denen der geschwindigkeitskontrollierende Vorgang die Diffusion in der Sorbensphase ist, durch die Erhöhung der Versuchstemperatur wesentlich beschleunigt werden. Dieser Effekt kommt besonders in wasserarmen Systemen zur Geltung. Bei niedrigen Wassergehalten ist der Temperaturkoeffizient der Bewegung der Wassermoleküle in Cellulose 2,4 pro 10 °C, d. h. sehr ähnlich wie bei chemischen Reaktionen.

Die im Abschnitt 4.1. erwähnten glasigen Sorbentien ändern ihre Viskosität sehr stark mit der Temperatur, was unter anderem in ihrer Thermoplastizität zum Ausdruck kommt. Wie eine Arbeit von Parks und Gilkey [345] zeigt, nimmt die Viskosität des Glukoseglases im Temperaturintervall $t = 28\ °\mathrm{C}{-}56\ °\mathrm{C}$ um einen Faktor von etwa 10^6 ab. Dies wirkt sich auch auf die Diffusionsgeschwindigkeit des Wassers in dieser Substanz in ähnlichem Maße aus.

4.5. Einfluß der Wärmeaustauschvorgänge

Bei der Sorption von Wasserdampf an festen Sorbentien treten mehr oder weniger ausgeprägte Temperaturänderungen auf. Hygroskopische Sorbentien von großer spezifischer Oberfläche, wie trockene Cellulosefaser, erfahren beträchtliche Temperaturzunahmen, wenn sie in feuchte Atmosphäre kommen. Die zeitliche Änderung der Temperatur des Sorbens während der Gleichgewichtseinstellung wurde z. B. von Christensen und Kelsey [333] am Beispiel von Holz verfolgt. Sehr genau wurde die Erscheinung von King und Cassie [346] an Wollfasern untersucht. Ihre Resultate können an Hand der Annahme quantitativ gedeutet werden, daß die Temperaturabnahme des Sorbens nach dem anfänglichen Temperaturanstieg und damit selbst der Sorptionsvorgang nach dem Newtonschen Abkühlungsgesetz vor sich gehen. Damit wurden die Resultate vieler sorptionskinetischer Untersuchungen in Frage gestellt, bei denen die Wärmeaustauschvorgänge nicht berücksichtigt wurden.

Wie groß die Rolle ist, welche allein die Wärmeleitfähigkeit des Sorbens für den Zeitbedarf von Gleichgewichtseinstellungen spielt, wurde von Benson und Mitarbeitern [166] experimentell nachgewiesen. Die Leitfähigkeit von voluminösen Eiweißpräparaten wurde durch Einlegen von Drahtstücken verbessert, wodurch sich die Angleichszeiten auf $^1/_4$ der ursprünglichen Werte herabsetzen ließen.

Anhang

Tabelle 24. *Umrechnung von verschiedenen Druckeinheiten*

Druckeinheit	mm Hg	atm	bar	at	lb/sq. in.	in. Hg
1 mm Hg (1 Torr)	1	0,00132	0,00133	0,00136	0,01934	0,03937
1 atm (760 mm Hg)	760	1	1,0133	1,0322	14,696	29,921
1 Bar (10^6 dyn/cm²)	750,06	0,9869	1	1,0197	14,503	29,53
1 at (1 kg/cm²)	735,56	0,9678	0,9807	1	14,2233	28,959
1 pound per square inch	51,715	0,068	0,0689	0,0703	1	2,036
1 inch of mercury	25,4	0,0334	0,0338	0,0345	0,4911	1

Tabelle 25. *Methoden der Wasserdampf-Sorptionsmessungen (ohne die speziellen Methoden)*

Typ	Beobachtung der Meßgröße	Apparat oder Methode	Hauptsächliches Anwendungsgebiet bezüglich		Besondere Merkmale
			Sorptionsart	Sorbens	
Gravimetrisch	Kontinuierlich	Feinwaagen	Chemiesorption, Oberflächensorption, kleine relative Dampfdrücke	Sorbentien von kleiner spezifischer Oberfläche, z. B. Metalle, hydrophobe Kunststoffe	Teils eigene Konstruktion (Torsionswaagen), hohe Genauigkeit, kleine Probemenge, Registrierung, Hochvakuum
		Präzisionswaagen	Alle mit Ausnahme der Chemiesorption und Oberflächensorption	Alle Sorbentien von mittlerer bis großer Sorptionsfähigkeit	Einzelne oder mehrere Proben, einfache Handhabung, extreme Bedingungen (Federwaage)
	Diskontinuierlich, statisch	Wägung des Sorbensbehälters	Oberflächensorption, Kapillarkondensation	Starre, kapillarporöse Körper, z. B. Katalysatoren, Aktivkohle	Gravimetrische Methode der Adsorptionstechnik, große Sorbensmenge
		Isopiestische Methode	Quellung, Ionenhydratation	Quellbare Körper, Flüssigkeiten, z. B. Ionenaustauscher, Salzlösungen	Eigene Konstruktion, mehrere Proben, große Genauigkeit
		Exsikkator-Methode	Quellung, Sorption unter Bildung einer Lösung	Quellbare Körper, glasige Sorbentien, z. B. Produkte der Lebensmittel- und Haushaltindustrie	Viele Proben, langsame Gleichgewichtseinstellung, sehr einfache Handhabung, billige Ausrüstung, kleine Genauigkeit

Tabelle 25 (Fortsetzung)

Typ	Beobachtung der Meßgröße	Apparat oder Methode	Hauptsächliches Anwendungsgebiet bezüglich		Besondere Merkmale
			Sorptionsart	Sorbens	
	Diskontinuierlich, dynamisch	Dynamische Methode	Quellung, Kapillarkondensation	Quellbare, kapillarporöse Körper von großer spezifischer Sorption, z. B. Papier, Textilien	Hauptsächlich benützt zur Konditionierung von größeren Sorbensmengen auf bestimmte Wassergehalte
Manometrisch	Kontinuierlich	Volumetrische Methode	Oberflächen-Sorption (keine Hysteresis), Kapillarkondensation	Starre, kapillarporöse Körper, z. B. Katalysatoren, unlösliche kristalline Substanzen	Eigene Konstruktion, meist komplizierte Apparatur, große Genauigkeit, große Sorbensmenge, Hochvakuum, rasche Gleichgewichtseinstellung
	Diskontinuierlich, direkt	Manometer	Alle mit Ausnahme der Chemisorption und Oberflächensorption	Kristallhydrate, quellbare und poröse Körper, gesättigte Lösungen	Große Sorbensmenge, einzelne Punkte von Sorptionsisothermen, Hochvakuum
	Diskontinuierlich, indirekt	Hygrometrie	Quellung, Kapillarkondensation, Sorption unter Bildung einer Lösung	Pulverige, körnige pastöse Sorbentien, gesättigte Lösungen	Sehr einfache Handhabung, Registrierung (elektrische Hygrometer)

Literatur

1. McBain, J. W.: Z. physik. Chem. **68**, 471–497 (1909).
2. Lewis, G. N., and M. Randall: Thermodynamics and the Free Energy of Chemical Substances. New York-London: McGraw-Hill Book Co. Inc. 1923.
3. Hougen, O. A., and K. M. Watson: Chemical Process Principles, Part 2: Thermodynamics. New York: J. Wiley & Sons Inc. 1949.
4. Brunauer, S.: The Adsorption of Gases and Vapors. Vol. I: Physical Adsorption. Princeton, USA: Princeton Univ. Press 1943.
5. Stamm, A. J., and W. K. Loughborough: J. Phys. Chem. **39**, 121–132 (1935).
6. Jeffries, R.: J. Textile Inst. Trans. **51**, 339–374 (1960).
7. Hubard, S. S.: Ind. Eng. Chem. **46**, 356–358 (1954).
8. Gál, S., H. Arm u. R. Singer: Helv. Chim. Acta **45**, 748–753 (1962).
9. Weiser, H. B., and W. O. Milligan: Chem. Rev. **25**, 1–30 (1939).
10. Simril, V. L., and S. Smith: Ind. Eng. Chem. **34**, 226–230 (1942).
11. Collins, E. M.: J. Phys. Chem. **37**, 1191–1203 (1933).
12. Othmer, D. F.: Ind. Eng. Chem. **32**, 841–856 (1940).
13. —, and F. G. Sawyer: Ind. Eng. Chem. **35**, 1269–1276 (1943).
14. Kröll, K.: Holz Roh- u. Werkstoff **9**, 216–224 (1951).
15. Urquhart, A. R., and A. M. Williams: J. Textile Inst. Trans. **15**, 559–572 (1924).
16. Walker, A. C.: Textile Res. J. **13**, 15–33 (1943).
17. Gál, S., u. R. Signer: Makromol. Chem. **69**, 125–130 (1963).
18. Ward, A. G.: In J. M. Leitch, and D. N. Rhodes, editors: Recent Advances in Food Science, S. 207–214. London: Butterworths & Co. Ltd. 1963.
19. Dorsey, N. E.: Properties of Ordinary Water-Substance. New York: Reinhold Publ. Corp. 1940.
20. Livingstone, H. K.: J. Am. Chem. Soc. **66**, 569–573 (1944).
21. Sing, K. S. W., and J. D. Madeley: J. Appl. Chem. (London) **4**, 365–368 (1954).
22. Pimentel, G. C., and A. L. McClellan: The Hydrogen Bond. San Francisco, London: W. H. Freeman & Co. 1960.
23. Lonsdale, D. K.: Proc. Roy. Soc. (London) A **247**, 424–434 (1958).
24. Bernal, J. D., and R. H. Fowler: J. Chem. Phys. **1**, 515–548 (1933).
25. Cross, P. C., J. Burnham, and P. A. Leighton: J. Am. Chem. Soc. **59**, 1134–1147 (1937).
26. Bernal, J. D.: In D. Hadži, and H. W. Thompson: Hydrogen Bonding, S. 7–22. London: Pergamon Press Ltd. 1959.
27. Robinson, R. A., and R. H. Stokes: Electrolyte Solutions. London: Butterworths Sci. Publ. 1959.
28. Hammond, A.: Selected Government Research Reports. Vol. 1., Report No. 4, S. 169–198. London: HMSO 1952.
29. Némethy, G., I. Z. Steinberg, and H. A. Sheraga: Biopolymers **1**, 43–69 (1963).
30. —, and H. A. Sheraga: J. Chem. Phys. **36**, 3382–3400 (1962).
31. Kavanau, J. L.: Water and Solute-Water Interactions. San Francisco, London, Amsterdam: Holden-Day Inc. 1964.
32. Schmidt, E.: VDI-Wasserdampftafeln. 6. Auflage, Ausgabe A. Berlin-Göttingen-Heidelberg: Springer 1963, und München: R. Oldenburg 1963.

33. Gmelins Handbuch der anorganischen Chemie. 8. Auflage, Lieferung 5, System-Nummer 3, S. 1317. Weinheim/Bergstr.: Verlag Chemie 1963.

34. LANGE, N. A., G. M. FORKER, and R. S. BURINGTON, editors: Handbook of Chemistry. Sandusky, USA: Handbook Publishers 1944.

35. EVERETT, D. H.: Chemical Thermodynamics. London: Longmans, Green & Co. Ltd. 1959.

36. KEYES, F. G.: J. Chem. Phys. 15, 602–612 (1947).

37. KORVEZEE, A. E., et P. DINGEMANS: Rec. trav. chim. 62, 625–638 (1943).

38. LYKOW, A. V.: Experimentelle und theoretische Grundlagen der Trocknung. Berlin: Verlag Technik 1955.

39. STAMM, A. J.: Tappi 33, 435–439 (1950).

40. –, and S. A. WOODRUFF: Ind. Eng. Chem. Anal. Ed. 13, 836–838 (1941).

41. GREGOR, H. P., B. R. SUNDHEIM, K. M. HELD, and M. H. WAXMAN: J. Colloid Sci. 11, 511–534 (1952).

42. ANDERSON, R. B., W. K. HALL, J. A. LECKY, and K. C. STEIN: J. Phys. Coll. Chem. 60, 1548–1558 (1956).

43. KING, A., and C. G. LAWSON: Trans. Faraday Soc. 30, 1094–1103 (1943).

44. ALLMAND, A. J., P. G. T. HAND, J. E. MANNING, and D. O. SHIELS: J. Phys. Chem. 33, 1682–1693 (1929).

45. PIDGEON, L. M.: Can. J. Res. 10, 713–729 (1934).

46. YOUNG, G. J., and F. H. HEALEY: J. Phys. Coll. Chem. 58, 881–884 (1954).

47. PIDGEON, L. M., and A. VAN WINSEN: Can. J. Res. 9, 153–158 (1933).

48. TAKIZAWA, K.: Sci. Papers Inst. Phys. Chem. Res. (Tokyo) 54, 402–419 (1960).

49. POWERS, T.C., and T.L. BROWNYARD: Proc. Am. Concrete Inst. 43, 249–336 (1947).

50. PURI, A. N., E. M. CROWTHER, and B. A. KEEN: J. Agr. Sci. 15, 68–88 (1925).

51. WEXLER, A., and. W. G. BROMBACHER: Instrumentation 5, 25–27 (1952).

52. KUNZLER, J. E.: Anal. Chem. 25, 93–103 (1953).

53. KRAFFT, F.: Chem. Ber. 40, 4770–4774 (1907).

54. HOUBEN, J.: Die Methoden der organischen Chemie. Leipzig: G. Thieme 1925.

55. REICHERT, H.: Trockenmittel. In E. MÜLLER: Houben Weyl's Methoden der organischen Chemie. I. Teil 2. Stuttgart: G. Thieme 1958.

56. ABEL, E.: J. Phys. Chem. 50, 260–283 (1956).

57. GLUECKAUF, E., and G. P. KITT: Trans. Faraday Soc. 52, 1074–1079 (1956).

58. SHANKMAN, S., and A. R. GORDON: J. Am. Chem. Soc. 61, 2370–2373 (1939).

59. STOKES, R. H., and R. A. ROBINSON: Ind. Eng. Chem. 41, 2013 (1949).

60. SHEFFER, H., and A. A. JANIS: Can. J. Res. 17 B, 336–340 (1939).

61. GIAUQUE, W. F., E. W. HORNUNG, J. E. KUNZLER, and T. R. RUBIN: J. Am. Chem. Soc. 82, 62–70 (1960).

62. International Critical Tables. New York: McGraw Hill Book Co. Inc. 1926.

63. ROBINSON, R. A.: Trans. Roy. Soc. New Zealand 75, 203–217 (1945).

64. STOKES, R. H.: Trans. Faraday Soc. 41, 637–641 (1945).

65. OLYNYK, P., and A. R. GORDON: J. Am. Chem. Soc. 65, 224–226 (1943).

66. STOKES, R. H.: Trans. Faraday Soc. 41, 642–645 (1945).

67. ROBINSON, R. A.: Trans Faraday Soc. 41, 756–758 (1945).

68. –, and H. S. HARNED: Chem. Rev. 28, 419–476 (1941).

69. STOKES, R. H.: Trans. Faraday Soc. 44, 295–307 (1948).

70. ROBINSON, R. A., and R. H. STOKES: Trans. Faraday Soc. 45, 612–624 (1949).

71. SCOTT, W. J.: Advan. Food Res. 7, 83–127 (1957).

72. GARBATSKI, U., and M. FOLMAN: J. Phys. Coll. Chem. 60, 793–796 (1956).

73. ASHPOLE, D. K.: Proc. Roy. Soc. (London) A 212, 112–123 (1952).

74. WINK, W. A., and G. R. SEARS: Tappi 33, 96A–99A (1950).

75. ROCKLAND, L. B.: Anal. Chem. 32, 1375–1376 (1960).

76. WISHAW, B. F., and R. H. STOKES: Trans. Faraday Soc. **49**, 27–31 (1953).
77. RICHARDSON, G.M., and R.S.MALTHUS: J.Appl.Chem.(London) **5**,557–567 (1955).
78. WEXLER, A., and S. HASEGAWA: J. Res. Natl. Bur. Std. **53**, 19–26 (1954).
79. CARR, D. S., and B. L. HARRIS: Ind. Eng. Chem. **41**, 2014–2015 (1949).
80. HIRSCHLER, A. E.: J. Am. Chem. Soc. **58**, 2472–2474 (1936).
81. DAVIS, D. S.: Ind. Eng. Chem. **33**, 1278 (1941).
82. MILLIGAN, W. O., W. C. SIMPSON, G. L. BUSHEY, H. H. RACHFORD JR., and A. L. DRAPER: Anal. Chem. **23**, 739–741 (1951).
83. COLLINS, E. M., and A. W. C. MENZIES: J. Phys. Chem. **40**, 379–397 (1936).
84. DICKEL, G., u. J. W. HARTMAN: Z. physik. Chem. Neue Folge **23**, 1–28 (1960).
85. GRACE, N. H., and O. MAASS: J. Phys. Chem. **36**, 3046–3063 (1932).
86. FROST, G. B., and R. A. CAMPBELL: Can. J. Chem. **31**, 107–119 (1953).
87. SARAKHOV, A. I.: Bull. Acad. Sci. USSR Div. Chem. Sci. **1956**, 3–8.
88. KLEVENS, H. B., J. T. CARRIEL, R. J. FRIES, and A. H. PETERSON: In Proc. Second Int. Congr. Surface Activity. II. Solid/Gas Interface, S. 160–167. London: Butterworths Sci. Publ. 1957.
89. KISELEV, A. V., and G. G. MUTTIK: Colloid J. USSR **19**, 563–571 (1957).
90. KAST, W.: Chemie-Ing. Techn. **31**, 725–730 (1959).
91. BENEDETTI-PICHLER, A. A.: Waagen und Wägung. In F. HECHT, M. K. ZACHERL: Handbuch der mikrochemischen Methoden. Band 1, Teil 2. Wien: Springer 1959.
92. KIRK, P. L., and R. CRAIG: Rev. Sci. Inst. **19**, 777–784 (1948).
93. EL-BADRY, H. M., and C. L. WILSON: The Construction and Use of a Quartz Microgram Balance. The Royal Institute of Chemistry, Lectures, Monographs and Reports, No. 4, 1950. S. 23–48.
94. GULBRANSEN, E. A.: Rev. Sci. Instr. **15**, 201–204 (1944).
95. DAY, A. G.: J. Sci. Instr. **30**, 260–263 (1953).
96. BRADLEY, R. S.: J. Sci. Instr. **30**, 84–89 (1953).
97. DAY, A. G.: J. Oil Colour Chemists' Assoc. **38**, 782–793 (1955).
98. SARAKHOV, A. I.: Proc. Acad. Sci. USSR Phys. Chem. Sect. **112**, 55–57 (1957).
99. EDWARDS, F. C., and R. R. BALDWIN: Anal. Chem. **23**, 357–361 (1951).
100. BOWDEN, F. P., F. R. S. THROSSEL, and W. R. THROSSEL: Proc. Roy. Soc. (London) A **209**, 297–308 (1951).
101. GREGG, S. J.: J. Chem. Soc. **1946**, 561–562.
102. —, and M. F. WINTLE: J. Sci. Instr. **23**, 259–264 (1946).
103. — J. Chem. Soc. **1955**, 1438–1439.
104. RAZOUK, R. I., and R. S. MIKHAIL: J. Phys. Coll. Chem. **59**, 636–640 (1955).
105. POPE, M. I.: J. Sci. Instr. **34**, 229–232 (1957).
106. VIEWEG, R., u. T. GAST: Kunststoffe **34**, 117–119 (1944).
107. GAST, T.: Feinwerktechnik **55**, 167–172 (1949).
108. — Dechema Monograph. **38**, 1–19 (1960).
109. SANDSTEDE, G., u. E. ROBENS: Chemie-Ing. Techn. **34**, 708–713 (1962).
110. ROBENS, E., G. ROBENS, and G. SANDSTEDE: Vacuum **13**, 303–307 (1963).
111. CAHN, L.: Dechema Monograph. **44**, 45–58 (1962).
112. —, u. H. R. SCHULTZ: Vac. Microbalance Tech. **2**, 7–18 (1962).
113. — — Vac. Microbalance Tech. **3**, 29–44 (1963).
114. HOFER, A. A., u. H. MOHLER: Mitt. Lebensm. Hyg. **53**, 274–290 (1962).
115. — Zur Aufnahmetechnik der Sorptionsisothermen und ihre Anwendung in der Lebensmittel-Industrie. Basel: Dissertation 1962.
116. —, u. H. MOHLER: Helv. Chim. Acta **45**, 1415–1418 (1962).
117. ROBINSON, R. U.: Paper presented at a meeting of the Physical and Analytical Chem. Committee, Colorado Springs, USA 1961.

118. WIEDEMANN, H. G.: Chemie-Ing. Techn. **36**, 1105–1114 (1964).

119. EMICH, F.: Mh. Chem. **36**, 407–440 (1915).

120. McBAIN, J. W., and A. M. BAKR: J. Am. Chem. Soc. **48**, 690–694 (1926).

121. DELL, R. M., and V. J. WHEELER: The Use of Helical Spring Balances in Physico-Chemical Research. At. Energy Res. Est. Chemistry Division, Harwell, Berkshire. AERE-R 3424, 1960.

122. ERNSBERGER, F. M., and C. M. DREW: Rev. Sci. Instr. **24**, 117–121 (1953).

123. — Rev. Sci. Instr. **24**, 998–999 (1953).

124. DUBBEL, H.: Taschenbuch für den Maschinenbau. Berlin: Julius Springer 1939.

125. KAYE, G. W. C., and T. H. LABY: Physical and Chemical Constants. London-New York-Toronto: Longmans, Green & Co. 1956.

126. McBAIN, J. W., and R. F. SESSIONS: J. Colloid Sci. **3**, 213–218 (1948).

127. HAUSER, P. M., and A. D. McLAREN: Ind. Eng. Chem. **40**, 112–117 (1948).

128. MADORSKY, S. L.: Rev. Sci. Instr. **21**, 393–394 (1950).

129. ROUSE, P. E.: J. Am. Chem. Soc. **69**, 1068–1073 (1947).

130. FISH, B. P.: Diffusion and Equilibrium Properties of Water in Starch. London: HMSO 1957.

131. SLABAUGH, W. H.: J. Phys. Chem. **63**, 436–438 (1959).

132. TYLER, D. N., and N. S. WOODING: J. Soc. Dyers Colourists **74**, 283–291 (1958).

133. KOHLRAUSCH, F.: Praktische Physik. Leipzig, Berlin: B. G. Teubner 1935.

134. GERLACH, H. G.: Schweiz. Techn. Zeitschr. **56**, 228–232 (1959).

135. MADORSKY, S. L.: Vac. Microbalance Tech. **2**, 47–57 (1962).

136. KING, A., and C. G. LAWSON: J. Sci. Instr. **12**, 249–252 (1935).

137. McBAIN, J. W., and J. FERGUSON: J. Phys. Chem. **31**, 564–590 (1927).

138. ZENTNER, R. D.: J. Phys. Coll. Chem. **51**, 972–974 (1947).

139. CAMERON, A. E.: J. Am. Chem. Soc. **53**, 2646–2648 (1931).

140. KIRK, P. L., and F. L. SCHAFFER: Rev. Sci. Instr. **19**, 785–790 (1948).

141. FILBY, E., and O. MAASS: Can. J. Res. **13** B, 1–10 (1935).

142. RAND, M. J.: Rev. Sci. Instr. **32**, 991–992 (1961).

143. RUSSELL, J. K., O. MAASS, and W. B. CAMPBELL: Can. J. Res. **15** B, 13–37 (1937).

144. RAO, K. S.: J. Phys. Chem. **45**, 500–506 (1941).

145. NEWSOME, P. T.: Ind. Eng. Chem. **20**, 827 (1928).

146. KELSEY, K. E.: Australian J. Appl. Sci. 8, 42–54 (1957).

147. MILLIGAN, W. D., and H. H. RACHFORD JR.: J. Am. Chem. Soc. **70**, 2922–2924 (1948).

148. MILLIGAN, W. O., and C. R. ADAMS: J. Phys. Coll. Chem. **57**, 885–889 (1953).

149. MILLIGAN, W. O., G. L. BUSHEY and A. L. DRAPER: J. Phys. Coll. Chem. **55**, 44–53 (1951).

150. KOLLMANN, F., u. A. SCHNEIDER: Holz Roh- u. Werkstoff **16**, 117–122 (1958).

151. BUSHUK, W., and C. A. WINKLER: Can. J. Chem. **33**, 1729–1730 (1955).

152. PETERSON, A. H.: Instr. Automation **28**, 1104–1106 (1955).

153. WINDECK, K.: Melliand Textilber. **41**, 1407–1413 (1960).

154. HEDGES, J. J.: Trans. Faraday Soc. **22**, 178–193 (1926).

155. HÜBSCHEN, L.: Zeitschr. Lebensmitt.-Untersuch. **111**, 403–410 (1959–1960).

156. WINK, W. A.: Ind. Eng. Chem. Anal. Ed. **18**, 251–252 (1946).

157. Packaging Institute, New York: Procedure for Determination of Humidity-Moisture Equilibria of Food Products. Pack. Inst. Test Procedure PI Food 1p–52 (1952).

158. NEMITZ, G.: Über die Wasserbindung durch Eiweißstoffe und deren Verhalten während der Trocknung. Techn. Hochschule Karlsruhe: Dissertation 1961.

159. KANAGY, J. R.: J. Am. Leather Chemists' Assoc. **42**, 98–117 (1947).

160. WIEGERINK, J. G.: Textile Res. J. **10**, 334–340 (1940).

161. — J. Res. Natl. Bur. Std. **24**, 639–644 (1940).
162. RAY, R. C. and P. B. GANGULY: Trans. Faraday Soc. **30**, 997–1007 (1934).
163. WIIG, E. O., and A. J. JUHOLA: J. Am. Chem. Soc. **71**, 561–568 (1949).
164. KEENAN, A. G., R. W. MOONEY, and L. A. WOOD: J. Phys. Coll. Chem. **55**, 1462–1474 (1951).
165. MORRISON, J. L., and M. A. DZIECIUCH: Can. J. Chem. **37**, 1379–1390 (1959).
166. BENSON, S. W., D. A. ELLIS, and R. W. ZWANZIG: J. Am. Chem. Soc. **72**, 2102–2105 (1950).
167. GLEYSTEEN, L. F., and G. L. KALOUSEK: Proc. Am. Concrete Inst. **51**, 437–446 (1955).
168. WEISER, H. B., and W. O. MILLIGAN: J. Phys. Chem. **39**, 25–34 (1935).
169. PORTER, J. L.: J. Phys. Chem. **37**, 361–366 (1933).
170. TAYLOR, N. W., J. E. CLUSKEY, and F. R. SENTI: J. Phys. Coll. Chem. **65**, 1810–1816 (1961).
171. BOUSFIELD, W. R.: Trans. Faraday Soc. **13**, 401–413 (1917–1918).
172. SINCLAIR, D. A.: J. Phys. Chem. **37**, 495–504 (1933).
173. ROBINSON, R. A., and D. A. SINCLAIR: J. Am. Chem. Soc. **56**, 1830–1835 (1934).
174. —, and R. H. STOKES: J. Phys. Chem. **65**, 1954–1958 (1961).
175. — J. Chem. Soc. **1948**, 1083–1085.
176. GREEN, R. W.: Trans. Roy. Soc. New Zealand **77**, 24–46 (1948).
177. — Trans. Roy. Soc. New Zealand **77**, 313–317 (1948).
178. GLUECKAUF, E., and G. P. KITT: Proc. Roy. Soc. (London) A **228**, 322–341 (1955).
179. ARM, H., Org. Chem. Inst., Universität Bern: Private Mitteilung.
180. BOYD, G. E., u. B. A. SOLDANO: Z. Elektrochem. **57**, 162–172 (1953).
181. SOLDANO, B. A., R. W. STOUGHTON, R. J. FOX, and G. SCATCHARD: In W. J. HAMER, editor: The Structure of Electrolyte Solutions, S. 224–235. New York: J. Wiley & Sons Inc. 1959.
182. VAN BEMMELEN, J. M.: Die Absorption. Dresden: Th. Steinkopff 1910.
183. GÁL, S.: Untersuchungen über die Wasserdampf-Sorption von Casein. Universität Bern: Dissertation 1961.
184. TAYLOR, N. W., H. F. ZOBEL, N. N. HELLMAN, and F. R. SENTI: J. Phys. Chem. **63**, 599–603 (1959).
185. KANTRO, D. L., and S. BRUNAUER: In Papers presented at the Kendall Award Symp. honoring Stephen Brunauer, S. 199–219. St. Louis, USA: 139th Meeting of the Am. Chem. Soc. 1961.
186. KAESS, G.: Deut. Lebensm.-Rundschau **45**, 29–40 (1949).
187. HEISS, R.: Verpackung feuchtigkeitsempfindlicher Güter. Berlin-Göttingen-Heidelberg: Springer 1956.
188. ACKER, L., u. L. LÜCK: Z. Lebensmitt.-Untersuch. **108**, 256–269 (1958).
189. PARPAILLON, M.: Mémorial des poudres **40**, 247–259 (1958).
190. GIERTZ-HEDSTRÖM, S.: Zement **20**, 672–678 (1931).
191. WILSON, R. E.: Ind. Eng. Chem. **13**, 326–331 (1921).
192. KLINE, G. M.: J. Res. Natl. Bur. Std. **14**, 67–84 (1935).
193. WASHBURN, E. W., and E. O. HENSE: J. Am. Chem. Soc. **37**, 309–321 (1915).
194. SEBORG, C. O., F. A. SIMMONDS, and P. K. BAIRD: Ind. Eng. Chem. **28**, 1245 — 1250 (1936).
195. SEBORG, C. O., and A. J. STAMM: Ind. Eng. Chem. **23**, 1271–1275 (1931).
196. HERMANS, P. H.: Contributions to the Physics of Cellulose Fibres. New York, Amsterdam, London, Brussels: Elsevier Publ. Co. Inc. 1949.
197. DAVIS, L. H., A. W. PETRE, and C. F. BAILEY: Ind. Eng. Chem. Anal. Ed. **14**, 587–590 (1942).
198. HAND, P. G. T., and D. O. SHIELS: J. Phys. Chem. **32**, 441–455 (1928).

199. WALKER, A. C., and E. J. ERNST JR.: Ind. Eng. Chem. Anal. Ed. **2**, 134–138 (1930).
200. GOATES, J. R., and C. V. HATCH: Soil Sci. **77**, 313–318 (1954).
201. VERNON, W. H. J., and L. WITHBY: Trans. Faraday Soc. **27**, 248–255 (1931).
202. HARRIS, F. E., and L. K. NASH: Anal. Chem. **23**, 736–739 (1951).
203. WINK, W. A., F. C. BOBB, and J. A. VAN DEN AKKER: Tappi **41**, 643–646 (1958).
204. CORNELIUS, E. B., T. H. MILLIKEN, G. A. MILLS, and A. G. OBLAD: J. Phys. Chem. **59**, 809–813 (1955).
205. WEXLER, A., ed.-in-chief: Humidity and Moisture. Measurement and Control in Science and Industry. Vol. II. E. J. AMDUR, editor: Applications. New York: Reinhold Publ. Corp. 1965.
206. MILLIGAN, W. O., and H. H. RACHFORD JR.: J. Phys. Chem. **51**, 333–359 (1947).
207. WATT, I. C.: Textile Res. J. **30**, 443–450 (1960).
208. HUTTON, E. A., and J. GARTSIDE: J. Textile Inst. Trans. **40**, 161–169 (1949).
209. FAETH, P. A., and C. B. WILLINGHAM: Technical Bulletin on the Assembly, Calibration, and Operation of a Gas Adsorption Apparatus for the Measurement of Surface Area, Pore Volumen Distrubution, and Density of Finely Divided Solids. Pittsburgh, USA: Mellon Inst. of Ind. Res., Dept. of Res. in Phys. Chem. 1955.
210. EMMETT, P. H.: In Am. Soc. For Testing Materials. Symp. on New Methods for Particle Size Determination in the Subsieve Range. March 4, 1941. S. 95–105.
211. JURA, G., and W. D. HARKINS: J. Am. Chem. Soc. **66**, 1356–1362 (1944).
212. HACKERMAN, N., and A. C. HALL: J. Phys. Chem. **62**, 1212–1216 (1958).
213. HALL, A. C.: Adsorption of Water Vapor on Some Solid Surfaces. University of Texas: Dissertation 1958.
214. EVERY, R. L., W. H. WADE, and N. HACKERMAN: J. Phys. Coll. Chem. **65**, 25–29 (1961).
215. BALLOU, E. V., and S. ROSS: J. Phys. Coll. Chem. **57**, 653–657 (1953).
216. HARRIS, B. L., and P. H. EMMETT: J. Phys. Coll. Chem. **53**, 811–825 (1949).
217. RAZOUK, R. I., and A. S. SALEM: J. Phys. Chem. **52**, 1208–1227 (1948).
218. BANGHAM, D. H., and S. MOSALLAM: Proc. Roy. Soc. (London) A **165**, 552–568 (1938).
219. ORR, W. J. C.: Proc. Roy. Soc. (London) A **173**, 349–367 (1939).
220. ZETTLEMOYER, A. C., and J. J. CHESSIK: J. Phys. Coll. Chem. **58**, 242–245 (1954).
221. SRINIVASAN, G., J. J. CHESSIK, and A. C. ZETTLEMOYER: J. Phys. Chem. **66**, 1819–1822 (1962).
222. ZETTLEMOYER, A. C., G. J. YOUNG, J. J. CHESSIK, and F. H. HEALEY: J. Phys. Coll. Chem. **57**, 649–652 (1953).
223. YOUNG, G. J., J. J. CHESSIK, F. H. HEALEY, and A. C. ZETTLEMOYER: J. Phys. Coll. Chem. **58**, 313–315 (1954).
224. CHESSIK, J. J., F. H. HEALEY, and A. C. ZETTLEMOYER: J. Phys. Coll. Chem. **60**, 1345–1347 (1956).
225. GANS, D. M., U. S. BROOKS, and G. E. BOYD: Ind. Eng. Chem. Anal. Ed. **14**, 396–399 (1942).
226. SPENADEL, L.: The Adsorption of Water on Titanium Dioxide. University of Cincinnati: Dissertation 1956.
227. WOOTEN, L. A., and C. BROWN: J. Am. Chem. Soc. **65**, 114–118 (1943).
228. FREY, H. J., and W. J. MOORE: J. Am. Chem. Soc. **70**, 3644–3649 (1948).
229. PORTNER, C.: Mitt. Lebensm. Hyg. **45**, 165–177 (1954).
230. DRY, M. E., and R. A. BEEBE: J. Phys. Chem. **64**, 1300–1304 (1960).
231. TYLOR, A. A.: Food Technol. **15**, 536–540 (1961).
232. ALEXANDER, L. T., and M. M. HARING: J. Phys. Chem. **40**, 195–205 (1936).

233. URQUHART, A. R., and A. M. WILLIAMS: J. Textile Inst. Trans. **15**, 433–442 (1924).

234. FARROW, F. D., and E. SWAN: J. Textile Inst. Trans. **14**, 465–474 (1923).

235. SPEAKMAN, J. B., and C. A. COOPER: J. Textile Inst. Trans. **27**, 183–185 (1936).

236. LOWRY, H. H., and G. A. HULETT: J. Am. Chem. Soc. **42**, 1393–1408 (1920).

237. SNELGROVE, J. A., H. GREENSPAN, and R. McINTOSH: Can. J. Chem. **31**, 72–83 (1953).

238. BRIGGS, D. R.: J. Phys. Chem. **35**, 2914–2929 (1931).

239. MILLER, B. S., and H. D. KASLOW: Food Technol. **17**, 650–653 (1963).

240. MAKOWER, B., and S. MYERS: Proc. Inst. Food Technol. **1943**, 156–164.

241. VINCENT, J. F., and K. E. BRISTOL: Ind. Eng. Chem. Anal. Ed. **17**, 465–466 (1945).

242. LEGAULT, R. R., B. MAKOWER, and W. F. TALBURT: Ind. Eng. Chem. Anal. Ed. **20**, 428–430 (1948).

243. KOLLMANN, F., u. A. SCHNEIDER: Holz Roh- u. Werkstoff **15**, 319–324 (1957).

244. GÖRLING, P.: Untersuchung zur Aufklärung des Trocknungsverhaltens pflanzlicher Stoffe, insbesondere von Kartoffelstücken. Techn. Hochschule Darmstadt: Dissertation 1954.

245. SMITH, A., and A. W. C. MENZIES: J. Am. Chem. Soc. **32**, 1412–1434 (1910).

246. ADAMS, J. R., and A. R. MERZ: Ind. Eng. Chem. **21**, 305–307 (1929).

247. DERBY, I. H., and V. YNGVE: J. Am. Chem. Soc. **38**, 1439–1451 (1916).

248. LOEFFLER, M. C., and W. J. MOORE: J. Am. Chem. Soc. **70**, 3650–3651 (1948).

249. WHITTIER, E. O., and S. P. GOULD: Ind. Eng. Chem. **22**, 77–78 (1930).

250. LÜCK, W.: Feuchtigkeit. Grundlagen, Messen, Regeln. München, Wien: R. Oldenburg 1964.

251. SONNTAG, D.: Hygrometrie. Ein Handbuch der Feuchtigkeitsmessung in Luft und anderen Gasen. Berlin: Akad. Verlag 1966.

252. WEXLER, A., ed.-in-chief: Humidity and Moisture. Measurement and Control in Science and Industry. Vol. I: Principles and Methods of Measuring Humidity in Gases. Vol. II: Applications. Vol. III: Fundamentals and Standards. New York: Rheinhold Publ. Corp. 1965.

253. EDLEFSEN, N. E.: Rev. Sci. Instr. **4**, 345–346 (1933).

254. DUNMORE, F. W.: J. Res. Natl. Bur. Std. **23**, 701–714 (1939).

255. BROCKINGTON, S. F., H. C. DORIN, and H. K. HOWERTON: Cereal Chem. **26**, 166–173 (1949).

256. ROCKLAND, L. B.: Food Res. **22**, 604–628 (1957).

257. HOGAN, J. T., and M. L. KARON: J. Agr. Food. Chem. **3**, 855–860 (1955).

258. KAREL, M., Y. AIKAWA, and B. E. PROCTOR: Mod. Packaging **29**, 153–156, 237, 239, 240 (1955).

259. RICHARDSON, L. A.: An Investigation of the Sorption of Water by Milk Proteins. University of Minnesota: Dissertation 1960.

260. MOSSEL, D. A. A., and H. J. L. VAN KUIJK: Food Res. **20**, 415–423 (1955).

261. GAEGAUF, H.: Textil-Rundschau Nr. 7, 1–12 (1956).

262. GRÖNINGER, K. G.: Vortrag anläßlich der 77. Jahresversammlung der Schweiz. Ges. für analytische und angewandte Chemie. Zermatt, 3.–4. September 1965.

263. FALTER, K. A.: FOGRA Mitt. Nr. 43, 15–18 (1964).

264. McBAIN, J. W., and C. S. SALMON: J. Am. Chem. Soc. **42**, 426–460 (1920).

265. McBAIN, J. W., H. I. BULL, and L. S. STADDON: J. Phys. Chem. **38**, 1075–1084 (1934).

266. KRISCHER, O.: Die wissenschaftlichen Grundlagen der Trocknungstechnik. 2. Auflage. Berlin-Göttingen-Heidelberg: Springer 1963.

267. HODGMAN, C. D., R. C. WEAST, and S. M. SELBY: Handbook of Chemistry and Physics, 39 ed. Cleveland, USA: Chemical Rubber Publ. Co. 1957.

268. MONTEITH, J. L., and P. C. OWEN: J. Sci. Instr. **35**, 443–446 (1958).

269. Pouncy, A. E., and B. C. L. Summers: J. Soc. Chem. Ind. **58**, 162–165 (1939).
270. Vas, K., and G. Proszt: Élelm. Ipar **9**, 6–14 (1955).
271. Kvaale, O., and E. Dalhoff: Food Technol. **17**, 659–661 (1963).
272. Puri, B. R., L. R. Sharma, and K. L. Lakhanpol: J. Phys. Chem. **58**, 289–292 (1954).
273. Barnes, G. T.: Z. angew. Math. Phys. **13**, 533–544 (1962).
274. Preston, J. M., and G. P. Tawde: J. Textile Inst. Trans. **47**, 154–165 (1956).
275. Christensen, G. N., and W. W. Barkas: Trans. Faraday Soc. **51**, 130–145 (1955).
276. Preston, J. M., and M. V. Nimkar: J. Textile Inst. Trans. **43**, 402–422 (1952).
277. Richards, L. A.: Soil Sci. **69**, 95–109 (1949).
278. Penner, E.: In E. J. Amdur, editor: Humidity and Moisture. Vol. II: Applications, S. 245–252. New York: Reinhold Publ. Corp. 1965.
279. Honeyborne, D. B., and P. B. Harris: In Proc. Tenth Symp. Colston Res. Soc., Univ. Bristol 1958, S. 343–365. London: Butterworths Sci. Publ. 1958.
280. Hellman, N. N., T. F. Boesch, and E. H. Melvin: J. Am. Chem. Soc. **74**, 348–350 (1952).
281. Denham, W. S., and E. Dickinson: Trans. Faraday Soc. **29**, 300–305 (1933).
282. Collins, G. E.: J. Textile Inst. Trans. **21**, 311–315 (1930).
283. Morehead, T. F.: Textile Res. J. **22**, 535–539 (1952).
284. Yano, Y.: In E. J. Amdur, editor: Humidity and Moisture. Vol. II: Applications, S. 295–306. New York: Reinhold Publ. Corp. 1965.
285. Macey, H. H.: Trans. Brit. Ceram. Soc. **41**, 73–121 (1942).
286. Macey, H. H.: Proc. Phys. Soc. (London) **52**, 625–656 (1940).
287. Barkas, W. W.: The Swelling of Wood under Stress. London: HMSO 1949.
288. White, P., and F. G. Caughley: J. Inst. Soc. Leather Trades' Chemists **21**, 12–25 (1937).
289. Katz, J. R.: Die Gesetze der Quellung. Kolloidchem. Beihefte **9**, 1–182 (1917–1918).
290. Voss, W. C.: Ind. Eng. Chem. **27**, 1021–1023 (1935).
291. Preston, J. M., and A. Bennett: J. Soc. Dyers Colourists **67**, 101–103 (1951).
292. Staples, M. L.: Textile Res. J. **28**, 950–955 (1958).
293. Stamm, A. J.: In L. E. Wise, E. C. Jahn: Wood Chemistry. 2nd ed. S. 691–814. New York: Reinhold Publ. Corp. 1952.
294. Cheshire, A., and N. L. Holmes: J. Int. Soc. Leather Trades' Chemists **26**, 237–255 (1942).
295. Gregor, H. P., K. M. Held, and J. Bellin: Anal. Chem. **23**, 620–622 (1951).
296. Smith, S. E.: J. Am. Chem. Soc. **69**, 646–651 (1947).
297. Magne, F. C., and E. L. Skau: Textile Res. J. **22**, 748–756 (1952).
298. Foote, H. W., and B. Saxton: J. Am. Chem. Soc. **39**, 627–630 (1917).
299. – – J. Am. Chem. Soc. **38**, 588–609 (1916).
300. – – J. Am. Chem. Soc. **39**, 1103–1125 (1917).
301. Powers, T. C., and T. L. Brownyard: Proc. Am. Concrete Inst. **43**, 933–970 (1947).
302. Bancroft, W. D., and J. B. Calkin: Textile Res. J. **4**, 371–398 (1934).
303. Welo, L. A., H. M. Ziifle, and A. W. McDonald: Textile Res. J. **22**, 261–273 (1952).
304. Clark, J. F., and J. M. Preston: J. Textile Inst. Trans. **47**, 413–416 (1956).
305. Grau, R., u. H. R. Hamm: Z. Lebensmitt.-Untersuch. **105**, 446–460 (1957).
306. Baxter, G. P., and R. D. Warren: J. Am. Chem. Soc. **33**, 340–344 (1911).
307. –, and H. W. Starkweather: J. Am. Chem. Soc. **38**, 2038–2042 (1916).
308. Bower, J. H.: J. Res. Natl. Bur. Std. **12**, 241–248 (1934).
309. Schauss, H.: Chemie-Ing. Techn. **36**, 469–479 (1964).

310. ROBERTS, N. F.: J. Textile Inst. Proc. **50**, 678–684 (1959).
311. DOWNES, J. G., and P. NORDON: J. Textile Inst. Trans. **52**, 95–96 (1961).
312. NAGHSKI, J., E. F. MELLON, A. H. KORN and C. L. OGG: J. Am. Pharm. Assoc. **41**, 599–602 (1952).
313. MITCHELL, J., and D. M. SMITH: Aquametry. New York: Interscience Publ. Inc. 1948.
314. MOSSEL, D. A. A.: Water bonding and water determination in foods. Utrecht: Thesis 1949.
315. VAN DE KAMER, J. H., and N. F. JANSEN: Anal. Chim. Acta **3**, 397–404 (1949).
316. ROTH, H.: F. PREGL Quantitative organische Mikroanalyse. 5. Aufl. Wien: Springer 1947.
317. WEXLER, A., ed.-in chief: Humidity and Moisture. Measurement and Control in Science and Industry. Vol. IV. P. N. WINN. JR., editor: Principles and Methods of Measuring Moisture in Liquids and Solids. New York: Reinhold Publ. Corp. 1965.
318. NOACK, D.: Holz Roh- u. Werkstoff **17**, 205–212 (1959).
319. LANDROCK, A. H., and B. E. PROCTOR: Food Technol. **5**, 332–337 (1951).
320. FUNK, W. A.: Mod. Packaging **20**, 135–138, 162, 163 (1947).
321. KEFFORD, J. F.: Food Res. Quart. **17**, 11–14 (1957).
322. MAHLER, K.: Chemie-Ing. Techn. **33**, 627–631 (1961).
323. MAHLER, K.: Festschr. Carl Wurster **1960**, 405–412.
324. HARPER, J. C., and A. L. TAPPEL: Advan. Food Res. **7**, 171–234 (1957).
325. KESSLER, H. G.: Chemie-Ing. Techn. **34**, 163–171 (1962).
326. KESSLER, H. G.: In 5. Gefriertrocknungstagung, Köln 1962. Lebensmittel-Gefriertrocknung. Org.: Leybold-Hochvakuum-Anlagen GmbH., Köln-Bayenthal. 9. Teil. S. 3–26.
327. HARKINS, W. D.: The Physical Chemistry of Surface Films. New York: Reinhold Publ. Co. 1952.
328. EMMETT, P. H.: Chem. Rev. **43**, 69–148 (1948).
329. DACEY, J. R., J. C. CLUNIE, and D. G. THOMAS: Trans. Faraday Soc. **54**, 250–256 (1958).
330. PATRICK, W. A., and L. H. COHAN: J. Phys. Chem. **41**, 437–443 (1937).
331. DOWNES, J. G., and B. H. MACKAY: J. Polymer Sci. **28**, 45–67 (1958).
332. NEWNS, A. C.: Trans. Faraday Soc. **52**, 1533–1545 (1956).
333. CHRISTENSEN, G. N., u. K. E. KELSEY: Holz Roh- u. Werkstoff **17**, 178–188 (1959).
334. WATT, I. C.: Textile Res. J. **32**, 1035–1037 (1962).
335. —, and J. E. ALGIE: Textile Res. J. **31**, 793–799 (1961).
336. FORWARD, M. V., and S. T. SMITH: J. Textile Inst. Trans. **46**, 158–160 (1955).
337. WOLF, J.: Deut. Lebensm.-Rundschau **45**, 123–127 (1949).
338. TIMOFEEV, D. T., and O. N. KABANOVA: Bull. Acad. Sci. USSR Div. Chem. Sci. **1961**, 1438–1441.
339. FISH, B. P.: In Fundamental Aspects of the Dehydration of Foodstuffs, S. 143–157. London: Soc. Chem. Ind. 1958.
340. NORDON, P., B. H. MACKAY, J. G. DOWNES, and G. B. MCMAHON: Textile Res. J. **30**, 761–770 (1960).
341. TISELIUS, A.: J. Phys. Chem. **40**, 223–232 (1936).
342. TIMOFEEV, D. P., and I. T. ERASHKO: Bull. Acad. Sci. USSR Div. Chem. Sci. **1961**, 1105–1109.
343. KING, G.: Trans. Faraday Soc. **41**, 325–332 (1945).
344. CRANK, J., and G. S. PARK: Trans. Faraday Soc. **47**, 1072–1084 (1951).
345. PARKS, G. S., and W. A. GILKEY: J. Phys. Chem. **33**, 1428–1437 (1929).
346. KING, G., and A. B. D. CASSIE: Trans. Faraday Soc. **36**, 445–453 (1940).

Namenverzeichnis

Sachverzeichnis

Anleitungen
für die chemische Laboratoriumspraxis

Herausgegeben von **H. Mayer-Kaupp**